美发基础

MEIFA JICHU

主编 ● 高捷

副主编 ● 付勇 廖英

西南财经大学出版社
SOUTHWESTERN UNIVERSITY OF FINANCE & ECONOMICS PRESS

图书在版编目(CIP)数据

美发基础/高捷主编. —成都:西南财经大学出版社,2013.6
ISBN 978 - 7 - 5504 - 1107 - 4

Ⅰ.①美… Ⅱ.①高… Ⅲ.①理发—中等专业学校—教材
Ⅳ.①TS974.2

中国版本图书馆 CIP 数据核字(2013)第 140874 号

美发基础

主　编:高　捷
副主编:付　勇　廖　英

责任编辑:王　利
封面设计:大　涛
责任印制:封俊川

出版发行	西南财经大学出版社(四川省成都市光华村街 55 号)
网　址	http://www.bookcj.com
电子邮件	bookcj@foxmail.com
邮政编码	610074
电　话	028 - 87353785　87352368
印　刷	四川森林印务有限责任公司
成品尺寸	185mm×260mm
印　张	8.5
字　数	190 千字
版　次	2013 年 6 月第 1 版
印　次	2013 年 6 月第 1 次印刷
印　数	1—2000 册
书　号	ISBN 978 - 7 - 5504 - 1107 - 4
定　价	22.00 元

前　言

编写意图：在社会快速发展的 21 世纪，人们对生活品质的要求越来越高，审美观在不断发生变化，对美的需求也在逐渐提高，人们更加在乎对过程的感受以及过程的效果。这种社会需求的变化，必然要求提高美发从业人员的综合素质，同时也对美发职业提出了更高的要求。这就使得现在的美发行业不能再局限于单纯的技术操作。

从整个社会行业构成来看，新兴的美容美发产业已逐渐成为当今社会不可或缺的现代新型第三产业的重要组成部分。中国这个拥有 13 亿人口的大国，假定每人每年平均需剪发 5 次，即一年中美发拥有 65 亿次机会和潜力。中国的"美容经济"逐渐成为继房地产、汽车、电子通信、旅游之后的中国居民"第五大消费热点"。

本套书较为全面地整合了美发的基础理论和基本技能，将艺术和发型设计有机地结合了起来，并提出了发型艺术设计的理念。

使用者：由于本套书的内容涉及美发职业培训的初、中级课程，适应初中毕业生认识事物规律的特点，符合他们的接受能力条件，教学内容应由浅入深、由简到繁，逐渐深化，并注意与相关学科的关系。因此，既可作为中等职业技术学校的教材，也可作为初级从业人员的职业培训教材。

教材性质：本套书以实训贯穿，旨在做中学、学中做，既能进行美发基础知识和基本技能的学习，也能结合美发项目任务进行实践，并希望能以此为基础，帮助美发从业人员走向更高的层次。

教材结构设计：本教材结构采用单元—项目—任务—教学活动的模式，围绕美发沙龙中的各个工作项目进行设计。本书共六单元，分别为：洗发、护发、染发、烫发、吹风造型、扎发与盘发、剪发。

教材的编写团队和他们承担的编写任务分别是：主编高捷，副主编付勇、廖英。第一单元，邓莉莉、刘文洁；第二单元项目一、二、三，刘文洁；项目三、四、五，万春；第三单元项目一，张克祥、付堪文；项目二，甘文勇、邹义；第四单元项目一，刘祥英；项目二，刘静洵；项目三，谢军；第五单元，刘文玲；第六单元，高捷；图片处理：梁强、汪志全。

本教材的编写者既有从事美发与形象设计的一线教师，也有美发与形象专业部的对此专业有所研究的骨干教师。编写中还得到了重庆市教育科学院职成教研究所谭绍华副所长、教研员傅渝稀老师以及重庆市女子职业高级中学邱孝述校长和高红梅副校长的关心和指导，同时也得到了重庆市原标榜美发学校教育团队刘如学、杨波、刘庆伦老师以及重庆市自由时尚公司艺术总监姜信春的大力支持。在此，向他们表示衷心感谢。同时感谢重庆市女子职业高级中学美发与形象设计专业 2010 级余春霞等毕业生，以及 2011 级美发与形象设计专业的张婷婷、张茜、胡琴等在校同学，她们为本书的编写提供了宝贵的素材、案例、经验、建议和意见。

建议本课程授课 260 学时。具体参考下表：

序号	教学内容	参考学时			
		理论	实训	机动	总计
第一单元	洗发与护发	8	20	2	30
第二单元	染发	24	24	2	50
第三单元	烫发	18	40	2	60
第四单元	吹风造型	5	20	5	30
第五单元	扎发与盘发	8	20	2	30
第六单元	剪发	25	30	5	60
总课时		88	154	18	260

虽然编者力求达到所设定的目标，但由于编写时间紧迫，加之经验不足，水平有限，不足和疏漏之处在所难免，恳请读者批评指正。

编 者

2013 年 6 月

目 录

5

第一单元　洗发与护发

单元描述：

　　本单元是中等职业学校美发与形象设计专业的一门核心课程，是从事美发岗位工作的必修课程，其功能是使学生掌握洗发与护发的基本知识，学会洗发与护发的操作程序和操作技能，具备美发相关工作的职业能力。

　　本单元的设计思路是以行业专家对美发岗位的工作任务和职业能力分析结果为依据。总体设计思路是打破以知识为主线的传统课程模式，转变为以能力为主线的课程模式。

　　课程结构以洗发与护发流程为线索，让学生通过完成具体项目来掌握洗发与护发的技术及各种工具使用的相关知识，并发展学生的职业能力。课程内容的选取紧紧围绕完成工作任务的需要循序渐进，以满足学生职业能力的培养要求，同时考虑中等职业教育对理论知识学习的需要，融合美发师的职业标准对知识、技能和态度的要求。

　　每个项目的学习都以洗发与护发的操作项目作为载体，设计相应的教学活动，以工作任务为中心整合相关理论和实践，实现做学一体化，使学生在强化实际操作训练的同时，更好地掌握洗发与护发的操作技巧。

能力目标：

1. 会迎宾、顾客咨询
2. 能掌握头发的分类及特点
3. 能独立辨别洗、护用品并按不同发质选用不同洗、护用品
4. 能掌握洗发的质量标准和洗发规范流程
5. 能掌握开沫方法和洗发中的抓、揉、搓等技术手法
6. 能掌握坐冲、仰冲洗发的方法
7. 能掌握护发素的正确使用方法
8. 能了解头部、颈部、肩部的主要穴位以及头部按摩的主要方法和步骤
9. 能够掌握护发的规范流程操作
10. 能够正确使用各类护发用品
11. 能使用常用的护发设备、仪器
12. 能掌握工具消毒的方法

知识目标：

1. 能熟记人体的生理知识和毛发生理知识
2. 能熟记洗发与护发用品
3. 熟悉人体的相应部位、穴位

4. 掌握语言艺术知识和基本的礼仪接待知识
5. 会服务项目的咨询并能引导服务
6. 了解护发的原理与作用

项目一 洗发

我们的头发由于生长在头皮表面，在生活中很容易就沾染上灰尘和汗水，并因此影响头发的健康和寿命。因此，我们洗发的目的，不仅可以保持头发的洁净，清除头皮屑及污垢，还可以预防头部疾病，增强头发健康。另外，科学的洗发方法还有消除人体疲劳、促进头部血液循环的作用。

任务一 准备

活动一 咨询与接待

1. 开门
迎宾助理在见到客人准备进门时，主动开门以迎接客人。
如果顾客已经来到美发店门口，而迎宾助理没有及时开门，那么顾客会感觉自己不被注意，也会觉得美发店缺乏应有的接待礼仪。

2. 迎宾
迎宾助理要对客人礼貌地说："欢迎光临。"
说话的时候要面带微笑并微微鞠躬，语气要真诚、亲切。

3. 问询
迎宾助理要对客人说："先生（女士），请问您今天需要做什么项目？"
如果看见客人手上拿着东西或者衣物时，可以主动询问顾客："先生（女士），需要我帮您把东西（衣服）存起来吗？"如果顾客点头同意，要有礼貌地将客人手中的东西接过来并存入店内指定存放点。

4. 接待
迎宾助理要对客人说："这边请"、"里边请"。要注意动作的规范，比如加上引领的手势以及身体微微前倾。
要让顾客感受到店内友好的氛围和一个理想的消费环境。这需要店内全体员工的配合。当员工看到顾客迎面走来时，应主动向客人打招呼，如"您好"、"欢迎光临"、"早上好"等。

5. 自我介绍
自我介绍的目的是让顾客在认识自己的同时，对自己产生良好的印象，因为我们接下来进行的工作都需要与顾客进行沟通并尽可能地同他（她）成为朋友，所以这个环节显得非常的重要。

活动二　顾客发质判断

在给顾客洗发前一定要了解顾客的发质，因为只有准确地判断出顾客的发质，才能更好地选择适合顾客头发的洗发水和护发素。

通过以下几种常用的方法，可以使我们较为准确地判断出顾客的发质类型：

1. 观察

通过视觉分析大约占发质判断的 35％，因为通过眼睛观察可以让头发透露给我们更多信息。

2. 触摸

不同发质的头发带给我们的触觉感受也是不一样的。比如手感顺滑柔软、有弹性的头发就属于健康发质。

3. 嗅觉

不洁净的头发或者头皮有疾病的头发会产生异味。

4. 询问

向顾客询问相关的情况，如经常使用哪种洗发水以及以前的烫染情况等。

5. 倾听

倾听顾客谈论头发保养状况以及平时的生活习惯，也可从中得到一些关于顾客头发的信息。

通过以上方法，再对得到的资料进行综合分析，我们就可以根据不同顾客的各种情况制订出一套完整、科学的洗发与护发方案。

知识链接：毛发生理常识（1）

1. 毛发的常识

（1）毛发的分类：软毛（毫毛、眉毛）、硬毛（头发、胡须）；

（2）毛发的主要作用：毛发具有美化、防护和排泄等功能：

①修饰和美化人的头形和脸形；

②缓冲和遮蔽外物对头部的直接伤害或照射；

③延缓人体内热量的散发；

④帮助人体头部汗液的蒸发和有害物质的排放。

2. 毛发的构造（如图 1.1 所示）

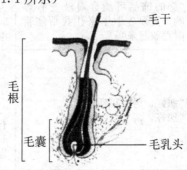

图 1.1

（1）毛发主要分为毛根和毛干两个部分；

（2）毛根在毛囊内，由毛乳头提供营养，而毛干则露在皮肤外部；

（3）头部内的皮脂腺是分泌皮脂滋润头皮和毛发的腺体。它也决定了发质的油性或干性。

3. 头发的分类

根据人体健康状态、分泌状态和保养状态的不同，可将头发细分为以下几种：

（1）中性发质（健康发质）

特点：头发柔软顺滑、明亮有光泽、弹性及韧性好。

（2）干性发质

特点：头发干燥脆弱，发梢容易分叉。

（3）油性发质

特点：头发油腻，容易产生头皮屑。

（4）细软发质（绵发）

特点：头发细软、弹力较差但较为服帖，易于梳理。

（5）受损发质

特点：头发色泽干枯黯淡、容易打结和断裂。

（6）严重受损发质（多孔性发质）

特点：头发色泽枯黄无光泽、脆弱无弹性、极易折断。

任务二　水洗

活动一　洗发前的自我介绍和带位技巧（如表 1.1 所示）

表 1.1

阶段	操作流程	服务标准	注意事项
洗发前	自我介绍	"您好，我是这里的助理××，你也可以叫我××，很高兴能为您服务。"	1. 热情大方 2. 态度亲切
		"我该如何称呼您呢？" "您的饰品可能会对洗发有影响，需要先取下来让我帮您暂时存放起来吗？"	1. 询问顾客的称呼，以此作为沟通的第一步； 2. 记得带上洗发工具如毛巾等
	带位	"您好，请跟我到洗头区。" "您好，请坐这张洗头床。"	1. 在顾客前 1~2 步侧身，伸右手引导，引路时注意速度不要太快； 2. 找好空位，如果洗头床上有水渍，要及时擦干； 3. 在洗发之前，可以先用宽齿梳将顾客的头发梳顺。

活动二　洗发前的垫毛巾技巧（如表 1.2 和图 1.2 所示）

表 1.2

阶段	操作流程	服务标准	注意事项
洗发前	垫毛巾	"您好，躺下前先让我帮您垫条毛巾吧。" "为防止洗发时水溅到您身上，等会我还会在您胸前搭一张毛巾。"	1. 双手把毛巾和垫肩塑料垫纸放在客人肩上，左右对齐，再往衣领内折进三分之一的宽度，以免毛巾滑落； 2. 在顾客躺下时，要站在顾客侧面，一只手臂托住顾客肩部，另一只手掌扶住顾客后脑部（能带给顾客安全感）。

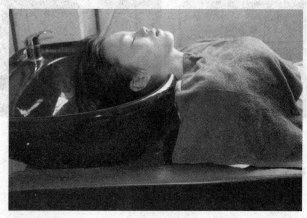

图 1.2

活动三　洗发中试水温和使用洗发水技巧（如表 1.3 和图 1.3 所示）

表 1.3

阶段	操作流程	服务标准	注意事项
洗发中	试水温	"您好，请问这个温度合适吗?" 冲湿顾客头发，包括额前发际线、耳后、脑后。冲水时要一只手内扣，手指并拢，掌边紧贴顾客头皮，手随水龙头移动，以免水溅到顾客脸上或耳朵里面。	开关打开后，要用手腕内侧测试水温。因为这个部位皮肤的受热性和头皮最为接近。
	挤洗发水和打泡沫	1. 挤洗发水：长发按压管 3~5 下，短发按 2~3 下（参考标准）； 2. 打泡沫：挤好洗发水后要先在两个手掌上搓匀，再均匀地涂抹在顾客头顶部头发处，以打圈方式揉出泡沫，再将泡沫拉到发梢处并延伸到全头。	上洗发水前头发要充分湿润，打出的泡沫量也要适中。

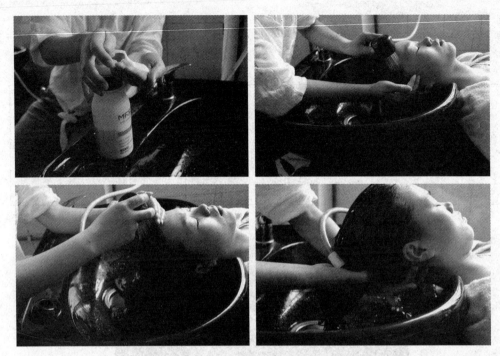

图 1.3

活动四　第一遍洗发训练（如表 1.4 和图 1.4 所示）

表 1.4

阶段	操作流程	服务标准	注意事项
洗发中	第一遍洗发	"您觉得这种力度合适吗？"	按照从发际线到头顶、由外向内等顺序来抓头部（注意一定要用指腹，尽量不要用指甲，以免刮伤头皮）。
		1. 先从前额发际线双手从上向下由中间向两边抓头皮，先正手后反手； 2. 接着横向从两侧向中间抓头皮，双手交叉使指腹与头皮产生摩擦。 3. 再从侧发际线到后发际线单手向上抓头皮（另一只手托住顾客后脑部）。	第一遍洗发时间控制在 3~5 分钟内

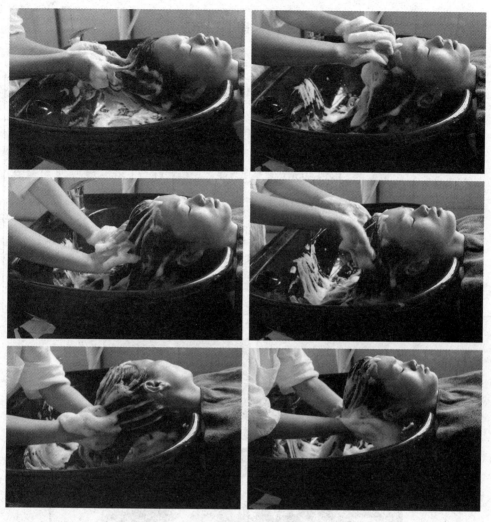

图1.4

活动五　第一遍冲水训练（如表1.5所示）

表1.5

阶段	操作流程	服务标准	注意事项
洗发中	第一遍冲水	1. 一只手内扣，手指并拢，掌边紧贴顾客头皮； 2. 冲水从发际线到头顶，再从后发际线到后头顶部； 3. 一边冲一边用手轻抓，手到哪里，水就跟到哪里，重复2～3遍，直到冲净为止。	冲水时注意不要让水溅到顾客脸上或衣服上（时间控制在2～3分钟内）。

活动六　第二遍洗发训练（如表 1.6 和图 1.5 所示）

表 1.6

阶段	操作流程	服务标准	注意事项
洗发中	第二遍洗发	（第二遍洗发以按摩为主，因此在简单重复第一遍洗发动作的基础上，还要加入新的洗头手法和按摩手法） 常用洗发按摩手法： 1. 单弹：五指快速拿捏头部，迅速弹开； 2. 滑弹：五指张开，用指腹在头部滑动，然后五指施力迅速弹开； 3. 打圈弹：用掌心轻轻按压住头发画圈，再拿捏头部并迅速弹开； 4. 击打：手握空拳，顺时针方向，上、右、下、左各四次，轻轻击打头部；左手反之； 5. 其他手法：十字交叉放松法、八字按摩、蚂蚁上树、揉搓颈部、开天门、六条线按摩法、提拉耳部等。	第二遍时间控制在 5～10 分钟内；总体要求轻柔、轻快、有节奏；力度以顾客要求为准；动作要流畅、连贯、松弛有度。

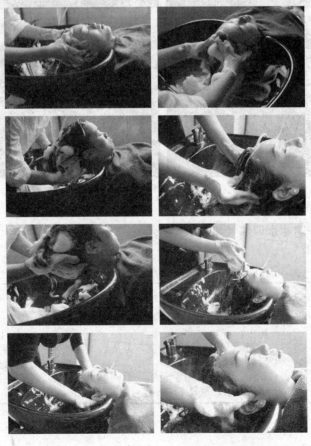

图 1.5

活动七　第二遍冲水和包毛巾训练（如表 1.7 和图 1.6 所示）

表 1.7

阶段	操作流程	服务标准	注意事项
洗发中	第二遍冲水	同第一遍冲水； "请问您需要洗眼或者洗耳吗?" "请您把眼睛闭上，好吗？谢谢。"	洗眼、洗耳等服务，都需事先征求顾客的同意。
洗发后	包毛巾	首先用干毛巾吸干脸部、颈部和耳朵部分的水，毛巾以按摩方式吸干头发的水，然后轻轻托起顾客的头部，把毛巾包好，然后再轻轻托着顾客头部和肩部，告诉顾客可以坐起来了。 "已经洗好了，您可以起来了。"	包的毛巾，要松紧合适；也可取下开始搭在顾客胸前的毛巾来包裹头发。

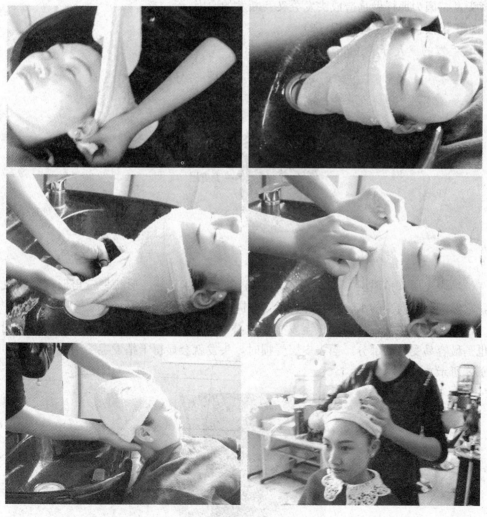

图 1.6

水洗中需要注意的问题：

美发基础

（1）湿发以及打泡的顺序：头顶→两耳前后侧→脑后。

（2）打泡的标准是能让泡沫布满整个头发（宁可多不要少，因为布满泡沫的湿发会膨胀，抓拉头发时遇到的阻力就会变小，抓拉头发时会更顺畅）。如果泡沫太少，一是加少量水淋在头发上，二是加洗发水。

（3）手抓头发时距离一定要长（抓出声音最好），要抓弧线（因为头是圆弧形的）。确立一个坐标点，每次抓拉都以这个坐标点作为终点（一般为头顶点或者黄金点）。

（4）冲水时（特别是冲洗后脑部），手或者水龙头要注意抖动。一是更容易冲洗干净泡沫，二是可以带给客人放松的感觉。

（5）冲水完成前，耳朵里外、颈部、后脑部、前额部必须注意是否冲干净。

（6）取下毛巾时：发根处采用按摩的方式慢慢向下滑动；发干和发梢要顺着发梢的方向轻轻地往下拍，这样就可使长发在较短时间内把水分吸掉了，千万不要用毛巾搓揉头发，因为那样做是造成头发分叉及断发的原因。

知识链接：毛发生理常识（2）

1. 毛发的三大分层（如图 1.7 所示）

皮质层

髓质层

表皮层

图 1.7

（1）表皮层（角质层）：表皮层大约占整个头发的 15%。形状呈三角形鱼鳞状纹理，它保护头发内部的水分、营养及色素，同时也主宰毛发的光泽度。

这些纹理的边缘都是由发根至发梢呈重叠状，约 6～8 层覆盖，既保护头发，同时也是最容易受损的部分。当表皮层受损时，头发就会显得干枯发毛、手感粗涩（如图 1.8 所示）。

图 1.8

（2）皮质层（毛皮质）：占毛发 85％～90％，是毛发最重要的部分，毛发中的所有营养物质都在这层当中（如蛋白质、氨基酸等），它决定了头发的弹性和张力。同时这一层还含有麦拉宁色素粒子，因此它也决定了头发的颜色（如图 1.9 所示）。

美发项目中所有的化学操作，都是发生在皮质层内的。

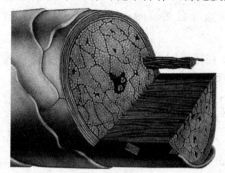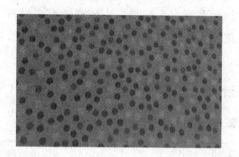

图 1.9

（3）髓质层（毛髓质）：位于毛发正中央，它主要决定头发的坚硬度并对头发起到支撑作用。

2. 毛发中的五大键（如图 1.10 所示）

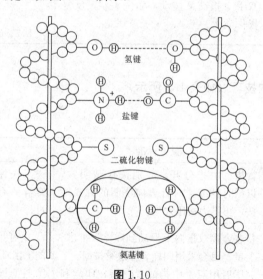

图 1.10

盐键、氨基键、氢键（H）、二硫化物键（S）、色素键。

这五大键的功能和作用会在后面章节中详细讲解。

3. 毛发小知识

（1）生长速度：每月大概生长 1.2 厘米。夜晚比白天长得快；春夏比秋冬长得快；少年比老年长得快；女人比男人长得快；

（2）掉发：每天 100 根以内的掉发都属正常的生理现象；

（3）生长周期：从生长出来到自然脱落大概在 2～6 年之间。

任务三　坐式头部按摩

按摩是保养头发和头皮健康的一个很重要的方法。

按摩是用手在头皮上轻轻揉动。按照头皮血液自然流向心脏的方向，按照前额、发际线、两鬓、头后部、头颈部的顺序进行。

按摩可以促进油脂分泌，因此，油性头发在按摩时可用力轻些，干性头发则可稍重些。

活动一　按摩前松弛全头技巧（如表1.8所示）

表1.8

阶段	操作流程	服务标准	注意事项
按摩前	松弛头部（全头）	双手十指略分开，自然弯曲，以指端及指腹着力于头部两侧耳上的发际处，对称进行挠抓搓动； 然后由头两侧缓慢移到头顶正中线，双手十指交叉搓动，如洗头状，反复操作数次。	1. 按摩时的力度和时间要根据顾客的要求来定。 2. 第一次将手置于双耳上端；第二次将手置于前额及后脑部。来回交错揉动（揉按为主）。 3. 松弛完头部后理顺头发。

活动二　纵向点穴技巧（如表1.9所示）

表1.9

阶段	操作流程	服务标准	注意事项
按摩中	纵向点穴（面部、头顶部）	食指、中指分开，分别按住睛明穴，以顺时针或逆时针方向绕圈的方式揉按，再带力按压穴位。	一手扶住顾客后脑，避免顾客身体有太大的晃动。在此过程中，尽量与客人沟通。
		接着合拢双指向上滑动到印堂、神庭、上星、百会采用同样动作继续按摩。 完毕后用双手中指或者食指在印堂和神庭之间上下交替滑动（开天门）。	1. 也可采用蚂蚁上树的手法向上滑动。 2. 注意顾客是否化妆。 3. 时间长度2~3分钟为宜。

活动三 横向点穴以及洗眉技巧（如表 1.10 所示）

表 1.10

阶段	操作流程	服务标准	注意事项
按摩中	横向点穴	双手分开，用中指以同样的动作由内向外按摩攒竹、鱼腰、丝竹空一直到太阳穴。	大拇指一直要抵住头部。
	洗眉（抹双柳）	用手掌按住头两侧，双手食指和中指合拢（也可加上无名指），在眉头、眉中、眉尾来回滑动并带力揉按至太阳穴。 两手食指、中指沿眼眶周围由内向外做圆弧形按摩。	1. 眼部按摩时手法要轻柔和缓，按照眼部肌肉的分布在眼周做圆弧形滑动。 2. 点穴的按摩顺序遵循先纵向后横向的原则。

活动四 揉耳廓技巧（如表 1.11 所示）

表 1.11

阶段	操作流程	服务标准	注意事项
按摩中	揉耳廓	1. 中指由上向下依次点按听宫、听会、翳风 3 个穴位。 2. 大拇指、食指轻揉耳垂，并向下揪动耳垂（双揪铃铛）。 3. 同样动作轻揉耳上轮廓。 4. 再依靠大拇指的弹力，用食指、中指指腹搓揉耳轮廓。 5. 双手捂住耳门，两手对称利用手掌面同时快速搓揉整个耳轮廓（顺逆各三圈）。轻压几秒后忽然放开，再收紧继续按摩。	1. 耳廓正面及背面有多个穴位，常用手掌或手指揉搓耳廓，能收到很好的保健效果。 2. 大拇指同样要抵住头部。

活动五 颈部按摩和提头发技巧（如表 1.12 所示）

表 1.12

阶段	操作流程	服务标准	注意事项
按摩中	颈部按摩	1. 由后颈向上用大拇指依次按压揉动哑门、风府、风池穴。 2. 用大拇指指节刮颈椎部。 3. 用大拇指、食指、中指按摩颈椎部。 4. 双手大拇指腹交替按摩颈椎部。	1. 进行这两个步骤时，动作要协调对称，用力要均匀柔和，使人有一种舒适的轻快感。
	提头发	1. 双手五指分别插入头发中，五指并拢夹住头发轻轻向上提。 2. 两手抓满头发，轻轻用力向上提拉。 3. 全部头发都要提拉 1 次。	2. 不要过度用力。

13

活动六　叩击头部技巧（如表 1.13 所示）

表 1.13

阶段	操作流程	服务标准	注意事项
按摩中	叩击头部（头部按摩收尾）	1. 双手合十，掌心空虚，腕部放松，快速抖动手腕，以双手小指外侧着力，叩击头部，达到放松头部的目的。 2. 中间可换指叩击。即大拇指、食指、中指三指并拢，无名指、小指弯曲轻叩。 3. 收尾再用十指揉按法按摩头部并理顺头发 （以后再肩部、背部、手部）。	1. 先中间后两边再脑后。 2. 脚步随动作移动。 3. 力度以顾客要求为主。

知识链接：洗发用品的种类和性能

洗发水对头发起到清洁与保护的作用，不同发质的头发要选用与其相对应的洗发水，才能使人拥有一头健康顺滑的头发。因此，为顾客选择和推荐适合他（她）们发质的洗发水不仅是提高我们业绩的方法之一，同时也能更好地为顾客服务并让顾客产生信赖感。

要选择正确的洗发水，首先就得了解各种洗发水的种类及其性能。下面就简单介绍几种常用的洗发水产品：

1. 合成型洗发水

此洗发水泡沫多、去污力强、易冲洗，并含有促进头发松软的活性剂，可以增加头发的弹性和光泽度，使头发易于梳理。

2. 去屑型洗发水

此洗发水含有 ZPT（去屑专用），针对头皮屑过多的情况进行调理。对于控制毛发皮脂分泌过多，抑制头屑的产生有较好的效果。

3. 滋润型洗发水

此洗发水富含天然保湿因子、水解蛋白精华等浓缩性修复因子，能给受损头发补充充足的营养和水分，并能针对干枯易断裂的发质进行改善，修补受损的毛鳞片。长期使用，能使发质得到极大的改善。

4. 修复型洗发水

此洗发水含有维生素 B5 胶原基因素，能更有效地深入头发受损部位，主要针对烫后染后头发损伤，可将烫染所造成的有毒物质有效地从头发中分解和排除，并对头发进行修补养护，使头发健康润泽。

5. 烫后染后洗发水

此洗发水富含维生素、水解蛋白精华等浓缩活性疗护因子，是专业的烫后染后专业洗发产品，有良好的锁色功能，使烫后染后头发能持久保持亮丽色彩，并能有效防止褪色、掉色和枯黄等现象，使头发更有弹性和光泽。

任务四 干洗（中式洗头）（选修）

活动一 洗发前的自我介绍和带位

同水洗。

活动二 洗发前的垫毛巾技巧

同水洗。

活动三 洗发前使用洗发水和打泡沫训练（如表 1.14 所示）

表 1.14

阶段	操作流程	服务标准	注意事项
洗发前	挤发水打泡沫	1. 挤洗发水：长发按压管 4～5 下，短发按 2～3 下。 2. 打泡沫：把洗发水涂抹在头顶上，一只手拿喷壶，向有洗发水的地方喷水，另一只手用手指肚或手掌顺着头发流向打圈涂抹洗发水，直至打出泡沫来，然后打沫的手继续朝一个方向扩散着把打开的泡沫向全发涂抹开。（长发不用全部涂抹完，发梢部分可在后面处理）	喷壶的水要不间断地喷水或倒水。 当水量已经把全部的洗发水都稀释并产生出足量泡沫后，就可以停止喷水了。 泡沫不能太多或太少，头发要充分湿润。

活动四 洗发中第一遍洗头训练（头顶区）（如表 1.15 所示）

表 1.15

阶段	操作流程	服务标准	注意事项
洗发中	第一遍洗头（头顶区）	"您觉得力度合适吗？" "您觉得哪个位置需要用力请说一声，好吗？"	按照从发际线到头顶、由外向内等顺序来抓头部（注意一定要用指腹，尽量不要用指甲，以免刮伤顾客头皮）。
		用两只手继续把泡沫尽量地涂抹在全发上（长发可用单手抓，另一只手托住发梢，头发黏住后把发梢和泡沫都堆积到头顶上，就可以用双手抓头皮），接着用手从发际线开始由中间向两边理顺头发。再用水洗手法抓头皮，每次完成后都将泡沫重新集中到头顶处。	1. 手指要尽量干净，泡沫也要尽量集中到顾客头顶，否则容易把泡沫弄到顾客耳朵和脸上（可以把泡沫集中到手心里面，就比较容易控制）。 2. 抓头皮动作反复 3～4 次即可。

活动五 洗发中第一遍洗头训练（头侧区）（如表 1.16 所示）

表 1.16

阶段	操作流程	服务标准	注意事项
洗发中	第一遍洗头（头侧区）	先用一只手按住一侧头部（耳朵上方位置），另一只手在另一侧抓头皮，手运动的轨迹要有一点向上的弧度（因为头是圆弧形，这样才能保证每个地方都可以抓到）。一侧完了后换另一侧，动作同前。	1. 期间要反复抓洗头发，一定要保证每个发区都要洗干净。 2. 如果在认为没有洗干净的时候，泡沫就没有了，可以适当再喷水，然后继续洗。 3. 每一步都从发际线开始，慢慢向后区移动。 4. 随着抓头皮部位的不同，脚步也要同时移动。 5. 每一侧重复 3~4 次即可。

活动六 洗发中第一遍洗头训练（头后区）（如表 1.17 所示）

表 1.17

阶段	操作流程	服务标准	注意事项
洗发中	第一遍洗头（头后区）	1. 先把泡沫集中到头顶。 2. 轻轻由下往上抓一下头后区发际线。 3. 接着两手并拢，大拇指交叉，食指对紧并拢，在后颈发际线处，短距离上下摩擦头皮，再往上抓。到脑后上部双手交叉摩擦。 4. 接着双手分开，重复前面步骤，向上后可在刚才交叉摩擦处上一点地方交叉摩擦。 5. 然后第三处。后面都是重复以上动作，一直到两鬓角向头顶处，两手指留在外部，抓上去到前额发际线处，再往后抓。	1. 手的运动顺序是从中间到两边，从下往上。 2. 向上推动时都是靠手指沿着头皮滑动推上去。 3. 抓后面的时候要把手上泡沫整理干净，这样就不容易粘到毛巾上。 4. 手抓到耳朵后面时可以停留一下，以利于更好地清洁到耳后。 5. 也可以大拇指顶住头顶，用反轮指弹的手法按摩前面发际线。 6. 最后，食指、拇指成 90 度，用刮的方法，把头上泡沫清理干净（长发可双手合拢向上提，将泡沫集中到发梢清理）。

活动七　洗发中第二遍洗头训练（如表 1.18 所示）

表 1.18

阶段	操作流程	服务标准	注意事项
洗发中	第二遍洗头	（简单重复第一遍洗发动作并加入其他洗头手法） 洗头手法： 1. 大拇指指节刮颈椎部。 2. 用大拇指、食指、中指按摩颈椎部。 3. 双手大拇指腹交替按摩颈椎部。 4. 大拇指向下上下按摩颈椎部两侧到耳后然后向上到太阳穴（反手）。 5. 十指张开按摩头顶。	1. 按摩时的力度要根据顾客的要求而定。 2. 第二次的洗发水用量比第一次要少一些。 3. 洗头时间和次数也可相应减少。

活动八　洗发后的冲水和包毛巾训练（如表 1.19 所示）

表 1.19

阶段	操作流程	服务标准	注意事项
洗发中	冲水	一只手内扣手指并拢，掌边紧贴顾客头皮，从发际线到头顶、从后发际线到后头顶部，边冲边轻抓，手到哪里，水就跟到哪里，重复 2～3 遍，直到冲净为止（同水洗）。	冲水时注意不要让水溅到顾客脸上或衣服上。将头发冲干净为止。
	包毛巾	首先用干毛巾吸干脸部、颈部和耳朵部分的水，毛巾以按摩方式吸干头发的水，然后轻轻托起顾客的头部，把毛巾包好，然后再轻轻托着顾客头部和肩部，告诉顾客可以坐起来了（同水洗）。	注意包毛巾的方法，松紧适宜。

项目题库：

1. 什么是专业洗发水和专业护发素？

2. 如何根据顾客的发质来选择洗发产品？

3. 在为顾客洗发过程中，洗发水泡沫的多少对洗发有影响吗？为什么？

4. 二合一洗发水与单洗单护洗发水有什么区别？

5. 正确的洗发方式要注意哪些要点？

项目实训：

学生两两一组，互相练习水洗。在规定课时内，由老师评价并考核。

项目二　护发

常言道：护理头发就像护理肌肤一样，需要时常做养护和清洁。秀发之所以受损甚至脱落，除了人体本身的诸如新陈代谢、饮食、精神等诸多原因以外，还和缺乏有效的滋养和护理有关。因此，想要改善干枯发毛的发质并拥有一头乌黑亮丽的健康头发，护发也是其中一个极为关键的环节。

任务一　护发素护理技巧

活动一　与顾客进行沟通

沟通是美发服务中一个非常重要的环节。通过与顾客的沟通，不仅可以较为全面地了解到顾客所需要的护发效果，同时也可以帮助我们更好地做出顾客所想要达到的效果。

沟通时的礼仪及注意事项：

（1）礼貌地问候顾客，注意微笑并用上尊称；

（2）与顾客交谈时，视线应与对方处于同一高度；

（3）可以多采用询问的方法，并在适当的时候提出自己的建议，争取与顾客达成共识。

对话技巧案例：您好，刚洗完头感觉还满意吗？其实，头发每次清洗完成后表面都会有一层油脂膜，如果清洗后不加强护理，这层油脂膜就会慢慢流失，头发也就没有这么柔顺亮滑了。所以，洗发后最好再用点护发素护理一下会更好。

活动二　分析顾客头发状况

（1）判断顾客发质的类型以及发量的多少。

判断发质常用的方法：具体可参考水洗项目。

（2）通过对顾客发质的判断来决定护发产品的选择。

活动三　使用护发素练习

（1）取硬币大小护发素置于掌心，并将之在掌心揉搓均匀。依照头发自然流向均匀地涂抹在头发上，主要涂抹在发干和发梢部分（如果是受损发质也可多涂抹一些），尽量不要涂抹在发根部位。

（2）可以在水盆里加入一些水，将护发素稀释，再将发梢部分和受损部位浸泡在水中进行养护（在此期间可对头部的穴位进行按摩，以舒缓头皮）。

（3）五指张开，插入头发中，然后从发干（发根）向发梢反复滑动，滑动的目的在于检查头发是否还有阻力。如头发变得顺滑无阻力，证明已达到预期护理效果，就可进行冲水了。护发素在头发上停留的时间为 3~5 分钟。

（4）调节水温，将头发冲洗干净，并告诉顾客护发结束（注意同时将手和水盆上的泡沫冲干净）。

知识链接：不同发质的养护技巧

不同发质头发的保养与护理方式不同，不同发质的头发需要有针对性的护发方案，才能有效地对头发进行养护。

1. 中性发质（健康发质）的护理要点

（1）在洗发时配合头皮按摩，以保证头部良好的血液循环。

（2）定期进行修剪，以保持头发的营养充足。平时选用温和型的洗护产品来养护头发。

2. 油性发质的护理要点

（1）洗发时要选择滋润去屑型洗发水。使用热水洗发后，再用温水冲洗干净，这样可以更好地抑制油脂分泌。

（2）护发素只宜涂在发干上，最好不要涂抹在头皮上。

3. 干性发质的护理要点

（1）洗发选用能给头发补充充足水分以及富含营养的产品，平时尽量避免在阳光下暴晒；

（2）护发产品尽量使用修复型产品，尽量少烫染或者让烫染间隔时间长一点，以免发质受损。另外每周可以做一次倒膜或者焗油，以加强对头发的保护。

4. 受损发质的护理要点

（1）洗发最好选择针对性较强的滋润型洗发水，每周最好做 1~2 次倒膜或者焗油以便及时为头发补充营养；

（2）如果想烫发或者染发，必须要提前做好护发工作，比如做好烫前或者染后护理。

总的来说，要想拥有一头健康亮丽的头发，除了平时对头发进行基础护理外，还要给头发提供丰富的营养。我们一般需要注意以下的几个问题：

（1）保持头发处于清爽状态，勤洗头。洗头时要轻轻按摩头皮，以促进头部血液循环；

（2）根据不同的发质，选择有针对性的洗发与护发产品；

（3）每隔一段时间做一次头发护理，比如倒膜、精油 SPA 等；

（4）避免频繁地烫、染、拉头发；

（5）多吃能给头发补充营养的食物，如粗粮、芝麻、豆制品等。

任务二　倒膜（发膜、焗油）护理技巧

活动一　与顾客进行沟通

对话技巧案例："姐，您看那位女士的头发，很漂亮，是吧？她就一直在用我们的一款产品做头发的护理，还有很多客人都选用了这款产品，效果真的很不错。正好

我们在做活动，您不妨尝试一下。"

美发店的营业收入除了美发服务外，产品的外卖也是一个重要的来源。外卖在增加美发店营业收入的同时，也提高了员工自身的收入，同时也让顾客加强了对自己头发的养护，是大家受益的好事。但这就需要员工提高自己与顾客沟通交流的能力。产品的外卖必须遵循诚实守信、顾客自愿的原则。

活动二　分析顾客头发状况

（1）判断顾客发质的类型以及发量的多少；

（2）通过对顾客发质的判断来决定产品的选用。

活动三　涂抹倒膜练习

（1）选择适合顾客发质的倒膜以及精油产品。

（2）做好防护措施，避免弄脏顾客衣物（如图 1.11 所示）。

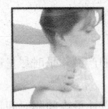  

将衣领内翻　　　　　围布放到毛巾外　　　　披上第二条毛巾

图 1.11

（3）采用十字分区法将头发分成四个区（如图 1.12 所示）。

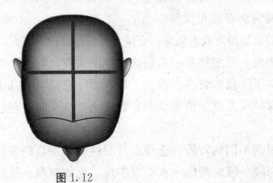

图 1.12

（4）涂放顺序和技巧：

①操作区域从头顶部开始，先用尖尾梳梳尾分出一片发片（每片厚度在 2 厘米左右），再将护发产品从发根向下刷至发梢。

②全头整体由上至下刷（采用一字拖法、八字刷法和搓揉法），每涂抹好一片发片后采用打圈的手法由发梢绕向发根并用夹子固定。依据此法做完全头。

（5）在顾客发际线周围围上毛巾，用倒膜焗油机或者其他专用仪器对头发进行加热处理（加热的模式和时间依据顾客的发质和选用的产品而定）。

（6）加热完毕后，进行冲水按摩（具体冲水流程可参照水洗的操作流程）。

知识链接：倒膜（发膜）和护发素

发膜是一种专业的护发产品，可以为头发提供修复发质所需要的营养物质，能有效地护理受损头发，使头发更柔顺光滑，有弹性。

发膜依据功能的不同可分为以下几种：

（1）头皮基因深层疗发系列

此系列发膜能有效抑制头皮细菌滋长，令头皮清新爽洁，并且具有滋养发根和保湿的作用，从而提高头发的免疫能力。

（2）头发基因深层修复系列

此系列发膜能有效深入头发受损部位，修复毛鳞片的损伤，同时对头发枯黄开叉、烫染损伤有很好的修复作用。

（3）头皮性问题发质修复系列

此系列发膜主要针对问题头皮进行护理与养护。

护发素是一种普遍的护发产品，也是养护头发较为简便的一种方法。主要是在洗头后涂抹在头发上，使头发柔顺有光泽。护发素的主要功能是使毛鳞片闭合，给头发形成一层保护膜，并且给头发增加水分和油脂。

护发素依据功能的不同可分为以下几种：

（1）普通护发素

此类产品可以在头发上形成保护膜，以起到防热防伤害作用，适用于防止头发干燥、受损，同时可以增加头发的光泽度，使头发更易于梳理。

（2）烫染型护发素

染后专用护发素能有效地锁定色素粒子，使之不易流失，使染后的头发更有光泽；而烫后专用护发素，可使头发卷度维持更久。

（3）特效护发素

特效护发素能给头发深层次的滋养，为头发补充充足的水分。可以防止头发开叉，使之更顺滑并易梳理，同时还可以使头发免受高温伤害。

任务三 水疗（冰疗）护理技巧（选修）

活动一 与顾客进行沟通

对话技巧案例："×先生（女士），您好。这是本店最新推出的一个护发项目，叫做水疗。我们的头皮是头发健康生长的营养基地，头皮中的毛囊是头发新陈代谢的场所，发丝中的水分大部分都是由毛囊提供的，所以，补水的重点在于头皮。在护发的时候，给头皮做个水疗，其中清洁的水离子给头发的营养远远超过了洗发液。您可以尝试一下，效果还是蛮不错的。"

活动二 沟通后的准备工作

（1）带顾客到洗头床位；

（2）准备洗发工具（具体参照水洗部分）；

（3）准备水疗产品（如需进行冰疗，还需额外从店内冰箱取出冰块）。

活动三　水疗技巧练习

（1）待顾客躺下后，将顾客的头发放入洗发水盆中（水盆中预先调配好水疗产品，如需冰疗，需加入一定数量的冰块）；

（2）将顾客的头发从发根至发梢用手轻轻带顺，并加入按摩动作（停留时间依据顾客发质和参照产品说明而定）；

（3）时间到后冲水并结束。

"Spa"源于拉丁文，意为水疗。"Hair Spa"，顾名思义，便是将水疗的身心舒缓概念延伸至头部。现代人压力大，当压力无法排除时，身体就容易疲劳。通过"Hair Spa"的头部与肩部按摩，不仅能够迅速减轻压力，而且还能够起到深层排毒的作用。

知识链接：头发常见疾病和养护

1. 头皮屑

头皮屑是一种新陈代谢的产物，它是头皮的角质层在皮肤表面堆积的结果，有头皮屑是正常的生理现象。但是，有的人头皮屑多如雪片一样，就属于病理现象了。

病状的原因：

（1）洗头次数过多，对头皮的刺激过大；

（2）与人的体质有关，如过于疲劳、头皮油脂分泌过多等；

（3）由药物造成，如服用过多的药物等。

养护方法：

（1）注意日常对头发头皮的养护。

（2）选用去屑洗发水，洗头时轻抓，多冲洗几遍。

2. 脱发

头发有自己的生长期和静止期。健康人每天也要掉头发，一天内掉发在100根之内都属于正常现象。如果突然大量脱发，头发逐渐稀少并形成秃顶，就属于病理现象。

病状的原因：

（1）遗传因素；

（2）年龄增加，内分泌失调，新陈代谢不平衡；

（3）不注意饮食，造成营养不良或者压力过大，精神状态不好等。

养护方法：

（1）经常做头皮按摩，以加速血液循环，降低脱发速度。

（2）如有大面积脱发现象，应立即去医院，以便及时查找出原因；也可适当选用一些头发营养剂。

3. 早白

随着年龄的增长，黑发变白，是由于人体生理机能逐渐衰退、头发内的色素粒子减少造成的。属正常现象。

青年白发现象，病状的原因有：

(1) 遗传因素；

(2) 与人的体质有关（过度疲劳、压力过大等）；

(3) 某些药物的副作用造成；

(4) 营养不良，空气污染等。

养护方法：

(1) 注意饮食习惯，多吃芝麻、花生、鸡蛋（含维生素 B6）等食物；

(2) 多做户外活动，常接受紫外线照射；

(3) 保持愉悦的心情；

(4) 必要时，也可进行局部染发。

4. 头发分叉

造成此种情况的原因有：

(1) 长时间缺乏蛋白质；

(2) 选用了碱性太强的洗发精，洗发后过度失去油脂，并使发质受损；

(3) 对头发进行过多的化学处理，如频繁的烫染发等；或受到阳光暴晒。

养护方法：

(1) 把分叉的部分修剪掉，然后做头发护理；

(2) 选用适合发质的洗发水和其他护发用品。

5. 斑秃

斑秃是一种慢性疾病。最初出现时可能仅黄豆或指甲那么大，到后来面积逐渐增大，而成大片斑秃。

病状的原因：

主要在于营养不良或者内分泌失调。

处理方法：

及时到医院治疗，自身保持精神安宁、休息充分。

项目题库：

1. 护发素与发膜有什么区别？

2. 简述焗油的操作流程。

3. 头发烫染后如何正确选用洗发水和护发素？

4. 在发膜中加入精油有什么样的作用？

5. 倒膜加热的作用是什么？

项目实训：

学生几人分为一组，先在公仔头上进行刷发片练习。然后以组为单位在规定课时内进行焗油实际操作。由老师完成考核并打分。

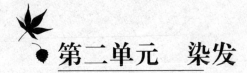

第二单元　染发

单元描述：

　　本课程是中等职业学校美发与形象设计专业的一门核心课程，是从事美发相关工作的必修课程，其功能是使学生在了解顾客的需求和毛发情况后，把握流行时尚，根据自己掌握的染发的操作规程、操作技能及要求，给顾客完美的建议和进行娴熟的操作，具备烫染师工作岗位的基本职业能力，为成为发型师打好基础。

　　本课程以行业专家对美发岗位的工作任务和职业能力分析结果为依据。总体设计思路是打破以知识为主线的传统课程模式，转变为以能力为主线的课程模式。

　　课程结构以基础发型整理流程为线索，讲解了染发的操作项目，让学生通过完成具体项目来形成关于毛发生理、染发药剂、染发原理、上色技巧、染发工具及仪器使用等的相关知识结构，并发展学生的职业能力。课程内容的选取紧紧围绕完成工作任务的需要循序渐进，以满足学生职业能力的培养要求，同时考虑中等职业教育对理论知识学习的需要，融合美发师的职业标准对知识、技能和态度的要求。

　　每个项目的学习都以发型制作的操作项目作为载体，设计相应的教学活动，以工作任务为中心整合相关理论和实践，实现学做一体化，使学生更好地掌握染发的操作技巧。

能力目标：

　　1. 能熟练进行染发工作

　　2. 能准确识别顾客的发质

　　3. 能熟练掌握各类药水的特点和功效

　　4. 能熟练使用各种烫染工具和仪器

　　5. 能正确使用染发用品

　　6. 能熟练掌握染发的基本手法

　　7. 能运用漂发、染发技术进行染发

　　8. 能根据不同要求进行各类染发和漂发

　　9. 能使用漂发、染发加热仪器

知识目标：

　　1. 能掌握染发的基本原理；

　　2. 能正确进行发质判断

　　3. 会正确选用洗发与护发用品

项目一　初染

初染是指顾客的头发以前从未做过染发项目，是第一次染发。初染是染发中较为简单的一个项目，同时也是初级烫染师学习染发并为以后提高自己的染发技术打下基础的最为重要的课程。

任务一　染发前的咨询和接待

活动一　与顾客进行沟通

与顾客沟通的重要性：

（1）能更好地确认顾客的发质和天然发色；

（2）能够更好地为顾客选择合适的目标色；

（3）能更好地使客户放心，并有可能促成额外的销售和外卖；

（4）可以取得客户详细的资料记录以便建立顾客消费的忠诚度。

通过与顾客的沟通，可以更好地了解顾客所需要的发色，再根据顾客的肤色、职业、着装、性格等以及沟通中的交谈对顾客提出选色的建议。

如顾客年龄较大、职业较为严肃（教师、医生等）或者性格沉稳，则可以建议选用偏向稳重的较为深沉的颜色；如年龄较为年轻、职业较为自由或者性格活泼，则可建议选用较为鲜艳的颜色。

知识链接：染发中的部分专业术语

（1）处女发：从未经过任何化学处理的头发（又称为原生发）；

（2）底色：染发前头发的颜色（又称为原发色）；

（3）目标色：染发后想要达到的最终颜色；

（4）浅染深：所要目标色的色度深于现有头发颜色的色度；

（5）同度染：所要目标色的色度与现有头发颜色的色度相同；

（6）深染浅：所要目标色的色度浅于现有头发颜色的色度。

知识链接：染发色彩和肤色的搭配

（1）肤色白皙：冷色调、暖色调、中性色调（适合任何色彩，可尽情选择）。

（2）肤色暗黄：冷色调、中性色调（偏蓝色系、深棕色系）。

（3）肤色黑青：暖色调、中性色调（紫红色系、红棕色系）。

（4）肤色淡红：冷色调、中性色调（浅棕色系、亚麻色系）。

活动二　分析顾客头发状况

（1）判断顾客发质的类型以及发量的多少；

（2）通过色板对比出顾客现有头发的天然色度以决定后续产品的选择（如图 2.1

所示)。

图 2.1

知识链接：认识毛发的天然色度

1. 自然发色的形成

头发生长在接近毛乳头的发根部位，在这里有许多胚母细胞，其中有一组负责生产自然色素体——麦拉宁（Melanin）的胚母细胞。麦拉宁被传送到子细胞，而这些子细胞最终形成皮质层的一部分，所以头发长出时就有了自然颜色（如图 2.2 所示）。

色素产生区域 — 角蛋白区域

— 黑素细胞

图 2.2

2. 麦拉宁

麦拉宁又叫"天然色素粒子"，它由两种天然色素粒子组成：①黑褐色素粒子；②黄红色素粒子。所有的自然发色都是由这两种自然色素粒子按不同比例搭配后形成的。欧洲人的毛发中黄红色素粒子较多、黑褐色素粒子较少，而中国人的毛发中则黑褐色素粒子较多。

知识链接：染发中的毛发生理知识

不同发质的上色效果：

（1）中性发质：上色容易，染后效果也容易掌握；

（2）油性发质：上色较难；

（3）干性发质：容易上色；

（4）受损发质：极易上色也极易掉色；

（5）抗拒发质：难上色，染后效果也不易掌握。

知识链接：认识色板（如图 2.3 所示）

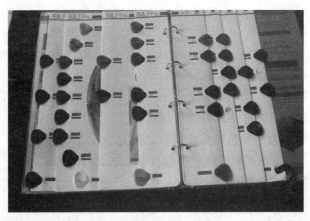

图 2.3

色板介绍：国际上表达颜色的方法有很多种，而在市场上占主导地位的是数字颜色编码系统，现在已被国际上大多数专业美发机构采用。

1. 色度（基色）

色度是用来表示头发内所含色素多少的指标，不同的色度显示了头发不同的深浅度。

数字越小所含的色素越多，颜色也就越深；反之，数字越大，所含色素越少，颜色也就越浅。

我们一般把头发分成十个色度，分别由 1~10 来表示，按深浅度分为：1.0（黑色）、2.0（蓝黑色）、3.0（深棕色）、4.0（棕色）、5.0（浅棕色）、6.0（深金色）、7.0（金色）、8.0（浅金色）、9.0（极浅金色）、10.0（最浅金色）。

中国人的头发一般为 2~4 度，最常见的为 2 度，因而 2 度色又被称为"自然黑"；而欧洲人的头发色度一般为 6~8 度。

2. 色调（色系）（如图 2.4 所示）

图 2.4

色调代表各种不同的颜色。不同厂家生产的色调数字代码不同，下列代码仅供参考。国际色系数字编码：

0/人工基色（Nature）、1/灰色系（Ash）、2/紫色系（Violet）、3/金黄色（Golden）、4/铜色系或者橙色系（Copper）、5/枣红色系（Mahogany）、6/正红色系（Red）、7/绿色系（Green）、8/蓝色系（Blue）。

从以上两点可以看出，染膏的颜色（也是染发中头发的颜色）是由两部分构成的：一是色度（头发颜色的深浅度），二是色调。

- 色度（Depth）：表示颜色的深浅度，色板上小数点前的数字。
- 色调（Tone）：代表不同的颜色，色板上小数点后的数字。
- 这两种组合反映在数字体系上就是：6/86，"6" 代表色度，"86" 代表色调。

小数点和"/"为间隔号，当小数点或"/"的后面出现两位数时，前一位代表主色调。后一位代表副色调。

主副色调不同时分别代表的含义：

当前一位大于后一位时，代表主色调强烈。

当前一位小于后一位时，代表副色调加强。

当前一位等于后一位时，代表色调加强。

当前一位为0时，代表无主色，只有副色。

正确识别顾客的原有发色是成功染发的第一步。我们可以从顾客头部的刘海区、头顶部和头后部三个不同部位的头发色度来判断顾客头发的天然色度，以便更好地确定顾客的现有发色。

活动三 沟通后的工作

（1）考虑能否达到对顾客所建议的目标色效果；

（2）告诉顾客所需费用和大致的时间以及其他的注意事项。

（3）准备染发工具并根据顾客选定的色度和色调选择适合的染膏和双氧奶。

（4）头皮分析：在进行染发之前，要先进行头皮分析，检查其是否有过敏、损伤等。然后再检查头发的发质情况，如弹性、有无受损等。

（5）在染发前进行皮试检验，有助于帮助我们判断顾客是否对染发产品过敏（如图 2.5 所示）。

胳膊肘内侧　　　　　耳后

清洁试验区　　　　　涂上欲用配方

检查结果

图 2.5

皮试指南（如图 2.5 所示）：

①清洁试验区（顾客的胳膊肘内侧或耳后）；

②用棉签将欲使用的产品涂到试验区；

③如顾客皮肤测试区无不良反应，即可以进行染发服务，否则不能染发。

(6) 记录化学染发记录卡（考核题目：要求两人一组分别填写一张染发记录卡）。

顾客化学染发记录卡

日期　　　　配方　　　　产品　　　　效用时间　　　　皮试　　　　发束试验

__阴性　　　　　　__好　　　　　　__阳性　　　　　　__差

注：　　　__太浅　　　　　　__太深

注：头发特点

长度	密度	质地	多孔性	自然/原有发色	理想发色
·短	·薄	·细	·中等	·色度（1～10）	·色度（1～10）
·中	·中	·中	·抗拒性	·色调（暖，冷，其他）	·色调（暖，冷）
·长	·厚	·粗	·极端多孔性	·强度：柔和，中等，强烈	·强度（同前）

状况：　干性__　油性__　　褪色__　　　　　　有色带__　　　　　灰白发___%

评析_____

服务收费：_____

技师签名：_____

知识链接：认识染发工具

(1) 染发刷：是一种集尖尾梳与发刷为一体的染发专业工具，在染发时首先用梳尾端挑出一片头发，然后用发刷将染发剂涂抹在发片上。

(2) 调色器皿（碗）：是一种用来盛放和调试染发剂的容器，里面有刻度以方便掌握染发剂用量及调配比例。

(3) 塑胶手套：供烫染师在染发时使用，以避免烫染师的手直接接触染发剂而产生过敏。它分为橡胶手套和塑料一次性手套。

(4) 耳罩：用来避免染发剂直接接触顾客耳朵以及附近皮肤的工具。

(5) 染发围布：防水性比一般围布更好，在染发时可以避免染发剂弄脏顾客的衣物。

(6) 锡纸：主要用于染发中的挑染和片染技术，以防止不同颜色的染膏之间互相串色。

其他染发配套工具还有天平和计时器等。天平是为了使烫染师更好地掌握染膏和双氧奶的分量和比例，而计时器是为了使烫染师更好地把握染发过程中的时间。

知识链接：认识染膏和双氧奶

1. 染膏的分类

(1) 依据发色保持时间的长短可分为：

①暂时性染膏：色素粒子较大，不能进入皮质层，只会沉淀在头发表面，一次洗发就会褪色；

②半永久性染膏：色素粒子较小，有部分粒子能进入皮质层，经过数次洗发才会褪色；

③氧化永久性染膏：主要由人造色素构成，由三原色中的红、黄、蓝依照不同比例组合成不同颜色，颜色保持时间相对较为持久，但要与不同浓度的双氧奶配合使用。

（2）根据染膏所用原材料的不同可分为：

①天然（植物型）染膏：利用植物中提取物质为原料，对头发几乎没有伤害。但价格昂贵，洗几次就会褪色，因此很少见。

②金属型染膏：以金属物质为原材料，含有大量的金属成分，对头发和人体都有极大的伤害。

③氧化型染膏：市场上的主流产品，含有阿摩尼亚、人造色素等成分，需与不同浓度的双氧奶配合使用。

2. 双氧奶（也可叫双氧水、显色剂、褪色膏）及其作用（如表 2.1 所示）

双氧奶的主要成分为过氧化氢即双氧水，再加入一定的乳化剂制成乳液状，类似奶状，因此叫做双氧奶。

在染发过程当中，双氧奶是不可缺少的一种产品，它的主要功能是用来褪浅色头发内的天然色素。

表 2.1

双氧奶浓度	与染膏比例	能达到的显色效果	等待时间	
			正常状况	加热状况
3%：10 度（VOL）	1：1 或 1：1.5	染深	20 分钟	10 分钟
6%：20 度（VOL）	1：1 或 1：1.5	染深、同度染或染浅 1～2 度	30 分钟	15 分钟
9%：30 度（VOL）	1：1 或 1：1.5	染浅 2～3 度	40 分钟	20 分钟
12%：40 度（VOL）	1：1 或 1：1.5	染浅 3～4 度	45～50 分钟	25～30 分钟

6% 的双氧奶可以染深、染浅以及同度染，因此 6% 的双氧奶又被称为"万能双氧奶"。

太少或太多的双氧奶对色泽的影响：

太多：覆盖度不足，染后头发色泽不会持久，并缺乏光泽度；

太少：染后头发颜色过深，色泽黯淡。

染膏与双氧奶的比例一般为 1：1 或 1：1.5，只有在特殊情况下才会改变，也可参考产品使用说明书（如图 2.6 所示）。

在染发剂调配过程中，染膏与双氧奶的用量尽量以量杯或电子称量取，这样可以使两者的调配比例更为精准，避免染发后造成较大的色差。

如果染发剂在头发上停留的时间过长，通常染发剂会自动停止反应。

图 2.6

在不同发质的头发上双氧奶的褪浅效果有可能是不一致的，因为双氧奶的染浅功能，是以发质具体情况作为参考因素。在同等情况下，受损发质、细软发质，或经常烫发者，染浅效果相对比健康或粗硬的发质要好。

12％的双氧奶通常只能染浅三度，根据顾客发质的不同最高也只能染浅四度，如果需要染浅更好的度数，就只能使用漂粉或者配合提亮剂来操作。

6％的双氧奶的氧化力能够去除 20％（20VOL）的天然麦拉宁色素粒子（VOL代表去除头发中天然色素的量），提亮头发色度 1~2 度。

项目实训：

（1）天然色度 3，正常发质，目标色 55/55。

（2）天然色度 4，正常发质，目标色 7/66。

（3）天然色度 3，抗拒性发质，目标色 5/86。

（4）天然色度 3，抗拒性发质，目标色 7/57。

请根据以上所列的顾客头发的天然色度和发质状况写出适合的染膏和双氧奶的调配比例以及所能达到的显色效果。其中第 4 题属于选修题，因为其涉及后面的内容。

当没有所需度数的双氧奶时可自行调配（以下为参考标准）：

1 份 6％的双氧奶＋1 份水 ＝ 3％双氧奶

2 份 9％的双氧奶＋1 份水 ＝ 6％双氧奶

3 份 12％的双氧奶＋1 份水 ＝ 9％双氧奶

任务二　染发中的操作流程

活动一　染发前的准备工作

（1）准备防护器具，做好防护措施；

31

（2）在染发前应为顾客披上围布，以保护顾客及避免污染他（她）们的衣物。为了避免围布与顾客皮肤直接接触，应在顾客的颈部周围先围上毛巾，再在毛巾上披上防水围布。

作为染发师，我们除了有责任让顾客变得更漂亮之外，还有义务保证他们及我们自己的安全。因此防护措施一定要做好。

（3）摘下顾客头部裸露在外的首饰，如耳环、耳钉等。

（4）涂抹隔离霜。这是为了防止顾客的皮肤受到刺激以及污染，我们可在其发际线周围及耳部上方涂抹（如图 2.7 所示）。

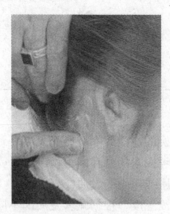

图 2.7

注意事项：

（1）染发之前不用洗发，直接干发涂放。头皮上的油脂分泌物，可以有效地保护头皮，减轻染发剂对顾客头皮的刺激。

（2）如顾客的头发在染发前已经上过发胶或发蜡，则会影响最终的上色效果。这种情况就需要洗发。洗发时不要上护发素，不要用力抓，以免抓伤头皮。如抓伤头皮或发现顾客头皮有伤应立即停止染发。

（3）洗发后头发会含有一定的水分，这会降低双氧奶的浓度，影响染发效果。因此洗发后应将头发吹干，否则会造成头发上色不均匀。

活动二　染深（在本书中，此活动主要针对顾客染黑油或者上基色）

染深是染发中最基本的染发操作，也是锻炼染发师刷发片和调配颜色的基本功的一个重要方面。

染发操作步骤：

（1）首先将头发分成四个区域（十字分区）。

标准的分区和染发操作不仅可以提高染发速度，更可增加染发师的专业性，赢得顾客的信赖。

（2）从发根至发梢一次涂放染膏。先从后颈部分出一片发片（每片厚 2 厘米左右），每片发片从发根向下刷至发梢，全头整体由下往上刷（采用一字拖法、八字刷法和搓揉法）。

（3）染膏涂抹要均匀，不要有染膏堆积和不均匀的情况。每片发片都要刷透，可以把发片提拉起来检查发片下有没有刷到（如图2.8所示）。

（4）必须使用6%或者3%的双氧奶，因为只有20度或10度的双氧奶才具有染深的功能。

（5）调配及比例：1份染膏＋1份或者1.5份6%的双氧奶（具体可以参照产品说明书）。

（6）染膏停留时间：如果自然停留，时间不得少于30分钟，有白发则不少40分钟。如要加热，时间减半。

染发成功的因素

（1）要正确调配染膏与双氧奶的比例，科学的调配是成功染发的关键；

（2）所选目标色与所用目标色相同；

（3）双氧奶度数的正确运用；

（4）正确的涂抹方式、良好的操作流程是染发成功的基础；

（5）时间与温度要协调，准确的染膏停留时间是成功染发的保障。

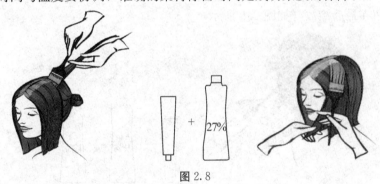

图2.8

知识链接：认识基色（代码系统：2/0、6/0等）

（1）在染发前，它作为为顾客判断头发天然色度的等级判定基准；

（2）它是最实用的自然色系列，同时也是男士染发的一种很好的色系选择；

（3）它可作为最理想的灰白发覆盖性色系。

知识链接：染发的原理

染发的原理是通过染膏和双氧奶打开头发的毛鳞片，淡化掉头发中的天然色素再填充需要的人工色素的过程。

知识链接：染膏和双氧奶在染发中的化学作用过程

（1）染膏中的氨（又叫做阿摩尼亚）打开头发表面的毛鳞片，为染膏内的人造色素粒子进入皮质层做准备；

（2）阿摩尼亚配合双氧奶淡化头发中的天然色素粒子；

（3）当天然色素粒子被淡化后，染膏中的人造色素粒子进入头发皮质层中；

（4）染膏中的人造色素粒子互相连接，再与头发中的天然色素粒子结合，从而显现出颜色。

永久性染膏必须要混合双氧奶才能在染发中发挥出最佳的功效。

染膏与双氧奶不能放在金属碗内，否则会影响染发剂效果，从而影响到最终的染色效果。

染发公式：头发天然色素被分解后就有相应的底色，染膏里的色素被组合后就有相应的人工色素。即：

染发效果＝头发底色＋人工色素

活动三　初染染浅

1. 染发操作步骤（总体注意事项）

（1）首先将头发分成四个区域（十字分区）。

（2）分两次涂抹。先从后颈部分出一片发片（每片厚2厘米左右），操作时每片发片从发干向下刷至发梢，全头由下往上刷（采用一字拖法、八字刷法和搓揉法）。

（3）染膏涂抹要均匀，不要有染膏堆积和不均匀的情况。每片发片都要刷透，可以把发片提拉起来检查发片下有没有刷到。

（4）每片头发要在离发根处留下2厘米左右的长度出来，因为发根的操作要把头部的高温区留在最后涂放（如图2.9所示）。

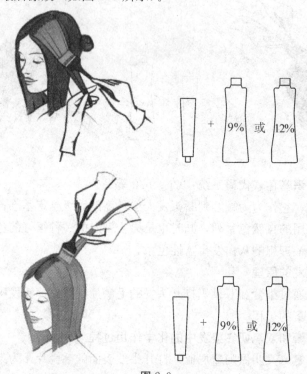

图2.9

顾客第一次染发时（即处女发染发），应在离发根处留下2厘米左右的长度出来，避免同时涂上染膏。因为发根2厘米这段距离的头发离头皮最近，属于人体的高温区。如果两段头发温度相差太大会造成头顶的发根部分有明显的色差（俗称爆顶）。当涂完发干和发梢后，过10～15分钟，再将剩余的头发涂上染膏，这样的操作流程才可以避免发根和其他头发的色差过大（如图2.10所示）。

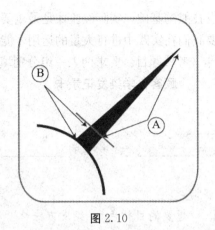

图 2.10

2. 初染染浅 1~2 度

(1) 涂抹：分两次涂抹，先涂抹发干至发梢部分：1 份染膏＋1 份 6％的双氧奶（根据顾客发质情况选择）；

染膏停留时间：自然停留 15~20 分钟（加热则时间减半）；

(2) 再涂抹发根部分：1 份染膏＋1 份 6％的双氧奶；

染膏停留时间：自然停留 30 分钟左右（加热则时间减半），显色后冲洗完成。

3. 初染染浅 2~3 度

(1) 涂抹：分两次涂抹，先涂抹发干至发梢部分，配方采用 1 份染膏＋1 份 9％的双氧奶（根据顾客发质情况选择）；

染膏停留时间：自然停留 15~20 分钟（加热则时间减半）；

(2) 再涂抹发根部分：1 份染膏＋1 份 6％的双氧乳；

染膏停留时间：自然停留 30 分钟左右（加热则时间减半），显色后冲洗完成。

4. 初染染浅 3~4 度

(1) 涂抹：分两次涂抹，先涂抹发干至发梢部分：1 份染膏＋1 份 12％的双氧乳（根据顾客发质情况选择）；

染膏停留时间：自然停留 15~20 分钟（加热则时间减半）；

(2) 再涂抹发根部分：1 份染膏＋1 份 6％或者 9％的双氧乳；

染膏停留时间：自然停留 30 分钟左右（加热则时间减半），显色后冲洗完成。

注意事项：

(1) 染膏停留时间以视觉的上色程度为准，上述的具体时间只是作为一个参考标准。

(2) 由于发根（这里是指离头皮 2 厘米左右的距离）是热区，与头发其他部分存在一定的温差，所以这部分头发上色较快，因此在染浅时不仅要分两次涂抹，而且在选择双氧奶时，双氧奶度数要比原来染膏配比双氧奶的浓度降低 1 度（降低 3％）或者发根部分都使用 6％的双氧奶来操作。

(3) 准确地判断出顾客原有头发的色度，再计算染浅的度数，可以正确地选择双氧奶的浓度，从而达到最佳的染发效果。

（4）理论仅仅只是染发技能的基础，实际经验才是最重要的。并非所有的染发步骤都是简单明了的，还需要我们在实践中进行大量的运用才能达到最好的效果。

5. 记录化学染发记录卡（考核题目：要求两人一组分别填写一张染发记录卡）

顾客化学染发记录卡

a. 确定天然发色_____

b. 确定白发比例_____

c. 头发分析，如：染后_____、多孔的_____、天然的_____、头发结构_____。

d. 顾客的需求和染发咨询_____

e. 天然发色/现有情况 ＋ 想要的目标色 ＝ 染发方法

　　比现有颜色浅_____

　　比现有颜色深_____

　　与现有颜色同色度_____

　　想要的覆盖_____

f. 产品的选择_____

g. 配方和混合_____

h. 运用_____

i. 处理时间_____

第一次处理时间_____　　更多的处理时间_____

j. 调理_____

任务三　染发后的头发护理

活动一　染后洗头

染后的头发在清洗时不能一开始就直接用水洗净，要先进行乳化，等乳化完成方可洗净。

乳化方法：先用少量温水淋湿头发，再轻轻搓揉使染膏成乳状，再用以色洗色的方式按摩3~5分钟后再彻底冲洗干净。另外还可使用专业染后护发素继续清洗，以洗净染膏残留在头发中的化学成分，防止其对头发造成损伤。

洗净头发上染膏的时候，不用洗发水，可以上护发素（如果是专业的染后洗发水，就可以使用）。

活动二　染后护理

专业的染后护理可以使染后的头发色泽更加稳定，光泽度也更佳。

染后注意事项：

（1）染后的头发要2~3天后才能洗头，因为头发中的色素粒子需要大约48小时后才能稳定下来，色素粒子也才能完全渗透头发组织；

（2）染后的头发最好每周做一次护理，既可以保护头发也可以使色泽更加持久；

（3）不合适的洗发用品容易导致头发褪色，在平时洗发时应该洗、护分开（单洗单护）；

（4）染后的头发应该尽量避免长时间在阳光下暴晒；

（5）日常生活习惯也会对染后头发发色造成一定的影响，应尽量避免与盐水和氯化水接触，如在海边游泳等。

售后提案（建议）：

第一步：设计完成

对完成后的成品做一个总结，如有色差，与顾客沟通前后的差异。

第二步：整理建议

建议客户使用的产品、头发护理的细节等。

第三步：下次提案

建议客户持续护理的流程、下次染发提案的建议。

第四步：提案记录

记得将与客户沟通或建议的事项一一记录在案。

知识链接：认识调彩和提亮剂

1. 调彩

调彩又叫加强色。除了可以调配需要的目标色外，还可以用来做对冲色（调彩代码系统：0/3、0/66 等）。

（1）只有色调没有色度，每一种色调都有自己的加强色；

（2）使用方法：调彩可以与其他颜色一起使用，可加强其他颜色的偏向性，也可以单独使用（褪色很快，不推荐）；

（3）调配颜色（色调）时使用；

例如：

红色染膏＋加强蓝＝紫色、紫红、红紫

黄色染膏＋加强红＝红橙、橙、黄橙

（4）可增加色彩的鲜艳度，也可中和或者对冲掉色彩中多余的色调；

（5）在与其他颜色的染膏一起使用时，调彩的分量不得超过颜色总量的 1/3，否则会影响主色调的纯度；

（6）调彩的分量不计入染膏与双氧奶比例的分量。

例如：3/66（80 克）加入 0/66（10 克），而双氧奶仍然只加 60 克。

2. 提亮剂

提亮剂又叫褪色膏（代码系统：0/00 等）。

提亮剂在染发的过程中起着很重要的作用。它对天然色素和人工色素都有很好的淡化作用。淡化的过程中头发的颜色不容易花，而且易于染发师掌控。

例如：目标色 6/66，染后颜色较深成 5/66，这种情况就可以用 0/00 和 6% 的双氧奶来进行操作（0/00＋6%＝淡化 1 度；0/00＋9%＝淡化 2 度；0/00＋12%＝淡化 3 度）。

提亮剂一般的运用是加入染膏或单独使用。其主要功能如下：

（1）可以褪浅 4 度，以弥补 12％（40VOL）双氧奶褪色的不足。

（2）可以单独使用，也可与染膏搭配使用，但是在用量上有所区别：在 5～7 度的用量，不可超过染膏分量的一半，否则会稀释染膏的色调，并造成染后头发中色素含量过少而褪色。在 8～10 度的用量，则可以用到染膏分量的一半，因为此时是在浅色调，底色也较浅，就算褪色也不会有太大的色差。

（3）只有提升亮度的功能，没有改变色调的功能。

（4）不能覆盖白发，因为里面不含色素。

（5）它的染膏与双氧奶的用量比例，要比一般染膏多一半，也就是指它的双氧奶必须要用足量，这样才能体现出它最大的功效。

项目题库：

1. 染发的原理。

2. 染膏的种类、特点和成分。

3. 双氧奶的功能是什么？

4. 染前是否需要洗头？

5. 基色、调彩、提亮剂的作用分别是什么？

6. 染发的具体操作流程。

7. 沾染在头皮上的染膏应当如何去除？

8. 染后褪色严重的原因都有哪些？

项目二　补染训练

补染（又叫补色），这是一种针对发根新生发补色的染发技巧，在美发店也是一个比较常做的项目。这种技术是在初染基础上的提高，对染发师的技术要求就更高了一步。

任务一　染发前的咨询和接待

活动一　与顾客进行沟通

顾客进店需要进行补染项目时，通过与顾客的沟通，可了解顾客头发更多的情况，比如顾客现有的发色、上次染发的时间、染发的颜色等，再根据顾客的肤色、职业、着装、性格等对顾客提出补色的建议。

活动二　分析顾客头发状况

（1）判断顾客发质的类型以及发量的多少；

（2）确定顾客新生发的天然色度以及染过部分头发的色度，从而决定最终所选的目标色。

知识链接：染发中的色彩学

颜色以不同的方式影响着我们的生活。一个没有颜色的世界是空洞乏味、没有活力和生命力的。

随着网络的发展，现在社会的流行资讯变得非常发达，任何时尚的发型会很快地流行开来。而且随着社会的进步，人们的审美情趣也有了转变，开始尝试接受各种发色。我们的发型师也可以为顾客创造更多更时尚的色彩。

色彩学对发型师来说是一门很深奥的学问，就是说发型师在学染发之前一定要了解色彩的基本原理及构成。如果对色彩学一知半解甚至毫不了解，在给顾客做头发时全靠自己的感觉，那么做出来的发色可能往往达不到顾客的要求，这不仅会影响顾客的信赖度，也会影响自己的业绩。

1. 色彩的来源

色彩是由光线而来。光线透过三棱镜折射而出现七种颜色：红、橙、黄、绿、青、蓝、紫。

2. 颜色定律

我们在染发中所用的染膏是通过使用不同颜色和不同比例的人造色素混合调配而成的。而作为一名合格的染发师，首先就要向顾客推荐适合他（她）的颜色。要做到这一点，需要学习的东西很多，但首先就必须要熟悉颜色定律。

颜色定律的基本内容是：世界上存在无数种颜色，但是只有三种颜色能被称为原色，即红、黄、蓝。

（1）三原色原理

定义：所谓三原色，就是指这三种颜色中的任意一种都不能由其他颜色混合产生而成。

色彩学上将红、黄、蓝称为三原色，是因为它们是纯色。也就是说，它们不可能通过混合其他颜色而获得。相反，如果将这些原色以各种比例混合的话，就会创造出所有其他的颜色。其实我们生活中的所有颜色都是由原色按照不同比例混合形成的。

（2）二层色（间色、二次色）

这主要是指橙、绿、紫三种颜色。它们是由三原色两两混合调配出来的颜色。红与黄调配出橙色；黄与蓝调配出绿色；红与蓝调配出紫色。

在调配时，由于原色调配比例的不同，会产生出丰富的间色变化。

（3）三层色（三次色）

三层色是通过以相同比例混合原色和它相邻的间色而成的。

三层色共有六种：黄橙色、黄绿色、蓝绿色、蓝紫色、红紫色、红橙色。

（4）认识色轮表

色轮表：由 12 种颜色排成圆形，它将任何一种混合色与原色之间的关系都表现出来。按顺时针方向颜色由浅变深。

（5）对冲色

颜色的彩属性分类：黑、灰、白称为无彩，其他称为彩色。所谓抵消，就是一种颜色与另一种颜色混合后，产生无彩系颜色，就称为抵消，也就是我们通常说的对冲色。

对冲色解析：三种原色混合即得到棕色。将两种互补色相加即得到棕色。颜色将变得没有原来那么强烈。在染发中，对冲色可以用来中和掉多余的色调。在色轮中位置相对的颜色即为对冲色。

3. 颜色的特点

当我们谈论颜色的时候，一定要记住下面的三个特点（也就是色彩三要素）：颜色的名称、色度、纯度。

（1）色名（色相）：色彩的名称，主要用来区别各种不同的颜色。

（2）色度（明度）：每一种颜色都有深浅度，通常被称为色度（或色值）。我们通常用 1~10 来表示，1 度代表最深的颜色，10 度则代表最浅的颜色。比如，6 度的红色比 3 度的红色浅，但比 8 度的红色深。

（3）纯度：色彩的饱和鲜艳度。所谓色彩纯度，是指原色在色彩中的百分比。

4. 颜色分子量

三原色的色素分子量，大约数值如下：

红：4000； 黄：2000； 蓝：8000。

这个数据的意思是，一个色素分子是由多少个小色素分子组成的。换句话说，如果想将一份蓝色完全合成为绿色，需要 $8000 \div 2000 = 4$ 份黄色来做；或者用 2 份红色将蓝色合成为紫色。

橙：$(4000 + 2000) \div 2 = 3000$

紫：$(4000 + 8000) \div 2 = 6000$

绿：$(2000 + 6000) \div 2 = 4000$

5. 色彩的冷暖

既然知道了颜色的分子量，就可以了解颜色的透光性。

小色素分子越多，证明分子与分子之间的间隙也就越小，同时透光性越差，颜色就会偏暗。越暗的颜色也就越"冷"，越亮的颜色则越"暖"。

小分子量为 8000 的蓝，自然就是最冷的颜色了；而 2000 的黄，自然就是最暖的颜色了。

任务二　补染的操作流程

活动一　染发前的准备工作

同初染。

活动二　新生发 2 厘米以内补染训练

方法一：

（1）按照目标色调配好染膏，先将染膏涂抹于新生头发部分（新生发 2 厘米处）；

（2）等待 10～20 分钟；

（3）再重新调配同样的一份染膏均匀涂抹于发干和发梢处；如图 2.11 所示。

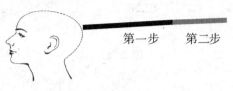

第一步　第二步

图 2.11

也可一次调配好足量的染膏，在涂抹发干和发梢前在剩余染膏中加入少许温水再进行操作；

（4）等候 20～30 分钟，然后进行乳化并冲洗。

方法二：

（1）按照目标色要求调配好染膏涂抹于新生发部分（发根 2 厘米处）；

（2）等待 10～20 分钟；

（3）用水壶在头发涂抹了染膏处喷水（水量要足），再用宽齿梳从发根处向下全头梳理，直至全头梳理完成；

（4）完成后等候 20～30 分钟，然后进行乳化并冲洗（洗发乳化时可以在护发素中根据顾客所染颜色添加少许调彩进行调理，以使颜色更加均匀）。

以上补染方法只是一个参考标准，在美发店实际操作中，需要仔细判断顾客现有发质、发色、褪色程度、目标色等情况才能达到较为完美的效果。

此方法主要针对顾客要染和上一次染发时同样的目标色，如果顾客需要染与上次不同的颜色，则需要先采用洗色的技术。此技术将在后面的内容中予以介绍。

当顾客需要补染相同色系的颜色时，如有条件，最好先从顾客资料中调出上次染发的记录，这样对染发操作有更大的帮助。如果没有，可以通过与顾客的沟通尽量了解。

活动三　超长发根补染训练（如图 2.12 所示）

（1）先按照目标色调配好染膏，将调配好的染膏涂抹于距离头皮 1～2 厘米之外新生发部位；

（2）染膏停留 10～15 分钟；

（3）重新调配足量的染膏，将其中部分染膏涂抹于新生发发根处，停留 10～25 分钟；

（4）将剩余染膏加上温水，涂抹于以前染过颜色的头发的发干和发梢处，如图 2.12 所示；

（5）染膏停留 5～15 分钟，然后乳化并冲水。

图 2.12

任务三　染发后的头发护理

活动一　染后洗头

同初染。

活动二　染后护理

同初染。

项目题库：

1. 染发的时候为什么不建议加热？
2. 染后颜色和色板有色差，有哪些原因？
3. 染后头发如何进行护理？

项目三　洗色和漂色训练

漂色是将头发中的天然色素褪浅的过程，又称为脱色或者褪色；洗色则是将已染过颜色的头发中的人工色素褪去的技术，主要是用于一些顾客要求做时尚色彩，或去掉头发内多余的人工色素的项目。由于普通双氧奶达不到褪浅度数，因此需要借助漂粉和其他一些产品来操作。

任务一　染发前的咨询和接待

活动一　与顾客进行沟通

在进行洗色或者漂色操作前，必须先与顾客进行沟通，因为需要借助漂粉来操作，对头发的伤害较大，因此必须取得顾客的同意。

活动二　分析顾客头发状况

（1）判断顾客发质的类型以及发量的多少（如顾客为严重受损发质，则不建议进行此项操作）。

（2）通过色板对比出顾客现有头发的天然色度以决定最终所选的颜色。

活动三　沟通后的工作

（1）考虑能否达到对顾客建议的目标色的效果；

（2）告诉顾客所需费用和时间以及其他注意事项；

（3）准备染发工具并根据顾客要染的色度和色调选择合适的产品；

（4）头皮分析；

（5）进行皮试检验（在此项目中，这个环节非常关键）。

任务二　染发中的操作流程

活动一　常规漂色

常规的漂色方法：

案例分析：将 3/0 脱色到 10/0：

（1）漂粉＋9％双氧奶，1：2，褪色到 5 度。

（2）漂粉＋9％双氧奶，1：1，褪色到 8 度。

（3）漂粉＋9％双氧奶，1：1，褪色到 10 度。

就现在的染发来说，漂发最好用 6％的双氧奶，如一次漂不到位可以多漂几次。这样对头发的伤害要小很多。只是在时间上要慢一些。

漂粉的漂浅能力主要取决于正确使用双氧奶的浓度和时间的配合，一般最长时间不超过 45 分钟，不建议加热。

浓度高的双氧奶（比如12％）对头发发质的伤害更大。

不要想着一次就将头发漂浅到 6~7 度，因为 6~7 度之间红黄色素粒子容易结合在一起，形成一种橙红色素，这种色素极难褪浅。这样不仅不容易褪浅出金黄色的效果，而且会加大对头发的伤害。

在操作过程中，如果没有把混合剂搅拌均匀或者把涂抹有漂浅剂的头发堆积在一起，容易将头发染花。

漂色时间会影响漂色的效果。要随时观察漂色过程中头发颜色的变化，并根据情况随时终止漂发。

知识链接：漂粉

处女发染浅目标色超过 4 度，就要使用漂粉。漂粉和不同度数的双氧奶调配就可以褪浅 4 度以上的颜色。但是头发的损伤程度也会随着漂浅程度的增加而增加。

双氧奶和漂粉的比例：漂粉可以单独使用，但只有混合双氧乳使用，才能达到最佳的褪浅效果。但漂粉只能是一份，双氧奶可以是多份。双氧奶的浓度越高、分量越多，褪浅的速度就越快。但是相对应的，褪浅度数就越不好掌握。一般比例为 1：2 或者 1：1。

漂粉可以褪浅天然色素也可以褪浅人工色素。

在漂色前不要洗头，最好干发漂浅。因为头皮上分泌的油脂对头发和头皮能起到很好的保护作用。

不要将漂粉和染膏同时使用，因为漂粉会冲淡染膏的色调。

活动二　洗色

在重新染头发时，为了避免色素重叠或目标色太深时，应先洗掉人工色素与天然色素。

1. 洗色配方

漂粉＋双氧奶＋洗发水＋温水，比例1：1：1：1

漂粉＋6％双氧奶＋洗发水＋温水：1～2度；

漂粉＋9％双氧奶＋洗发水＋温水：2～3度；

漂粉＋12％双氧奶＋洗发水＋温水：3～4度。

洗色配方一般比漂色配方温和，容易掌控。

依据褪色效果，随时终止洗色。建议在45分钟之内结束。结束后先洗发，然后吹干头发，再进行其他的操作。

2. 洗色操作流程

（1）将调配好的混合剂涂抹到头发上，注意尽量不要沾染到头皮上，否则会刺激头皮；

（2）涂抹完成后可用宽齿梳梳理，让混合剂更加均匀，梳理时动作要轻，不要用力地刮。

洗色的应用范围：

（1）底色与目标色相差4度以上时；

（2）已经染过人造色素的头发需要改色时，先统一发色，再继续操作后续染发；

（3）以前染过黑金属色或者基色的头发；

（4）在操作过程中不建议加热，因为加热可能导致颜色不均匀；

（5）调配方法：先加双氧奶和漂粉，等其溶解后再加洗发水和温水；

（6）洗色过程主要是靠眼睛观察，一般来说，显色即可冲水。

活动三　沐浴染

1. 沐浴染配方

目标色＋双氧奶＋温水比例：1：1：1（或1.5）（具体操作流程同一般染发过程）。

2. 此方法针对以下两种情况

（1）毛发呈多孔性受损性发质（严重受损发质）；

（2）染后严重褪色的发质（距上次染发时间短，而发根新生发不足）。

任务三　染发后的头发护理

活动一　染后洗头

同初染。

漂染后的头发在清洗时一定要用专业护发素。

活动二　染后护理

专业的漂染后护理是颜色持久的保障，它可以稳定色素粒子、增加头发的光泽度以及更好地修复受损头发，使头发更加易为梳理。

虽然在美发店工作中，在需要达到较高色度时，漂染是最快、最直接的方法，但漂染其实应该是染发师最后的选择，因为它对头发的伤害很大。

因此，我们在染发工作中，不应该图快就毫无目的地把发色褪至高度数，因为这样做不仅会令顾客的头发受到极大的损伤，也会使天然色素流失过多从而对我们要染的目标色产生影响。

总之，我们在美发店内染发时应尽量以保持顾客发质的健康为标准。

项目题库：

1. 漂粉的功能。
2. 沐浴染的操作流程。
3. 漂发时容易漂花的原因有哪些？

项目四　挑染、片染、区域染训练

这个项目主要是应对一些顾客要求染发中不要全头染色或者全头需要染两种以上颜色的要求的技术。这就需要染发师在掌握前面几种染发技术的基础上，还要能够熟练使用锡纸。

任务一　染发前的咨询和接待

活动一　与顾客进行沟通

顾客需要进行挑染项目时，首先要明确顾客所需的色彩的搭配，并根据顾客的具体情况提出自己的建议，才能达到令人满意的染色效果。

活动二　分析顾客头发状况

（1）判断顾客发质的类型以及发量的多少；

（2）通过色板对比出顾客现有头发的天然色度以决定最终所选的颜色搭配；

活动三　沟通后的工作

同初染。

任务二　染发中的操作流程

活动一　染发前的准备工作

同初染。

活动二　挑染

（1）锯齿形挑染：染后发色含蓄、自然、柔和（如图2.13所示）。

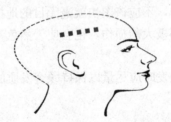

图 2.13

（2）动感锯齿形挑染：染后发色凌乱、动感、对比强烈（如图2.14所示）。

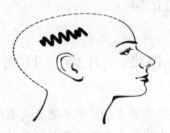

图 2.14

（3）"W"形挑染：染后发丝线条柔和、有流向感（如图2.15所示）。

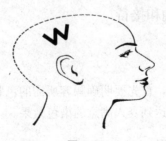

图 2.15

挑染色彩搭配：

（1）柔和感觉：所选颜色以和谐为主，可选相同色系，相差三度以内；

（2）活泼感觉：所选颜色以对比为主，相差三度以上；

（3）强烈感觉：颜色可以冷暖交替，以互补色为主。

知识链接：包锡纸的技巧

（1）首先按染发设计挑出一束发片；

（2）在挑出的发片下方放上锡纸，用手拉紧挑出的发片向下并将锡纸压在头皮上（锡纸顶端用挑梳尾做轴小小折叠一下）；

（3）涂抹染膏（按照发干、发根、发梢的顺序涂抹，因为染膏有粘性，这样可以使涂抹了染膏的发束更好地与锡纸粘在一起）；

（4）涂抹完成后，将锡纸对折或者三折；

（5）再用挑梳做轴，将锡纸两边分别向中间对折，使之成为长方形或者三角形即可。

活动三 片染和区域染

（1）横向分发片：染后效果给人质感和量感（如图 2.16 所示）；

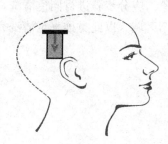

图 2.16

（2）纵向分发片：染后效果束状感强烈、纹理清晰（如图 2.17 所示）；

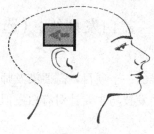

图 2.17

（3）斜向分发片：染后改变颜色纹理的走向（如图 2.18 所示）。

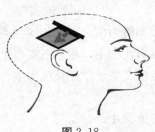

图 2.18

挑染、片染、区域染的目的：

(1) 创造发色的线条感以及改变头发的量感，使发型更具动感；

(2) 强调发型造型的重点以及特色。

任务三　染发后的头发护理

活动一　染后洗头

挑染、片染后的头发（针对同时染了两种颜色以上的头发）在清洗时不能全头一起清洗，否则会造成串色的现象。应分步骤进行同色清洗，也就是先清洗干净染了同一种颜色的区域，再清洗第二个区域。以此类推直至清洗完全头。

活动二　染后护理

同初染。

项目题库：

1. 包锡纸的技巧有哪些？

2. 挑染的注意事项有哪些？

项目五　盖白发训练　（选修）

盖白发是美发店染发中较难的一个项目，需要染发师有较深厚的理论功底和熟练的实践技能。这个项目中的盖白发技巧主要针对有白发但是又要做时尚色的顾客，仅仅是染基色或者黑油者不在此列。

任务一　染发前的咨询和接待

活动一　与顾客进行沟通

在为顾客遮盖白发前，首先要判断出顾客白发的比例，再结合顾客的发质情况和选用目标色的情况对顾客提出染色建议。

白发出现的原因：洛氨酸酶能直接影响到麦拉宁色素细胞工作。如果它们停止工作，白发就会出现（如图 2.19 所示）。

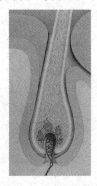

图 2.19

活动二　分析顾客头发状况

（1）判断顾客发质的类型、发量的多少以及白发比例；

（2）通过色板对比出顾客现有头发的天然色度以决定最终所选的颜色，以便更好地遮盖白发。

活动三　沟通后的工作

同初染。

任务二　染发中的操作流程

活动一　染发前的准备工作

同初染。

活动二　30％以下白发的覆盖方案

（1）1 份目标色染膏＋1 份 6％的双氧奶；

（2）发根预留 2 厘米，先涂抹发干至发梢段；

（3）染膏停留一段时间后再涂抹发根。

以上和下面的白发覆盖方案都是在做时尚色（即染浅）时的覆盖方案，染膏停留时间参考初染部分，可适当延长。如要染深（比如染基色或者黑油）则直接全头一次性涂放。

活动三　30％～50％白发的覆盖方案

（1）1 份目标色的基色＋2 份目标色＋3 份 6％的双氧奶；

（2）发根预留 2 厘米，先涂抹发干至发梢段；

（3）染膏停留一段时间后再涂抹发根。

活动四　50％～70％白发的覆盖方案

（1）1份目标色的基色＋一份目标色＋2份6％的双氧奶；

（2）发根预留2厘米，先涂抹发干至发梢段；

（3）染膏停留一段时间后再涂抹发根。

活动五　70％以上白发的覆盖方案

（1）2份目标色的基色＋1份目标色＋3份6％的双氧奶；

（2）发根预留2厘米，先涂抹发干至发梢段；

（3）染膏停留一段时间后再涂抹发根。

根据白发比例的不同，所使用的染膏与基色的参考比例，如表2.2所示。

表2.2

白发比例	染膏与基色调配比例	染膏总停留时间
少于30％	目标色 ＋ 6％双氧奶（无需添加基色） 1∶1	染膏正常停留45分钟
30％～50％	目标色＋基色＋6％双氧奶 2∶1∶3	
50％～70％	目标色＋基色＋6％双氧奶 1∶1∶2	
70％以上	目标色＋基色＋6％双氧奶 1∶2∶3	

盖白发要诀：

（1）必须使用6％（或者3％）的双氧奶，因为在所有的双氧奶中只有6％的双氧奶对白发有很好的覆盖效果，而9％、12％的双氧奶却只具备染浅的功能；

（2）染膏的用量必须充足，确保有足够的染膏在头发上，因为白发内部缺少色素粒子，所以要用足量的色素粒子来渗透进头发内部以达到色素的饱和；

（3）可以从白发较多部分开始涂抹，染膏自然停留的时间不得少于45分钟；

（4）染膏在头发上停留的时间要充足。因为只有充足的停留时间，才能使色素粒子在头发内部更加牢固。如果染膏停留时间不够，容易造成色素粒子流失，使覆盖效果达不到最佳。

（5）在染发前应正确判断白发的类型以及比例，并尽量建议顾客选择五度以下的目标色。

活动六　抗拒性白发的覆盖方案

1. 打底法

（1）用和目标色同度或者低一度的染膏 ＋ 温水（1∶1），混合后涂抹在抗拒性白发上，染膏停留10～15分钟，不用冲洗（可以用梳子刮掉后，再用吹风机吹干）；

（2）将调配好的目标色染膏 ＋ 双氧奶（1∶1）混合后，涂抹在白发上（目标色染膏调配方案参照前文的白发覆盖方案），染膏停留 30～45 分钟，完成后乳化冲水。

打底法的原理：通过基色中的人造色素来为白发补充色素粒子。

2. 软化处理法

（1）使用 6% 的双氧奶涂抹在抗拒性白发上，染膏停留 10～15 分钟，不用冲洗（可以用梳子刮掉后，再用吹风机吹干）；

（2）再将调配好的目标色染膏 ＋ 双氧奶（1∶1）混合，涂抹在白发上（目标色染膏调配方案参照前文的白发覆盖方案），染膏停留 30～45 分钟，完成后乳化冲水。

软化法的原理：利用双氧奶中的阿摩尼亚来打开抗拒性白发表面的毛鳞片，以便于后续的色素粒子能进入头发皮质层内。

任务三　染发后的头发护理

活动一　染后洗头

同初染。

活动二　染后护理

同初染。

项目题库：

1. 盖白发用基色打底的原理。
2. 盖白发的具体操作流程。

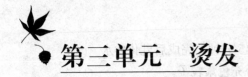

第三单元　烫发

单元描述：

　　本课程是中等职业学校美发与形象设计专业的一门核心课程，是从事美发相关工作的必修课程，其功能是使学生在了解顾客的需求和毛发情况后，把握流行时尚，根据自己掌握的烫发的操作规程、操作技能及要求，给顾客完美的建议和进行娴熟的操作，具备烫染师工作岗位的基本职业能力，为成为发型师打好基础。

　　本课程以行业专家对美发岗位的工作任务和职业能力分析结果为依据。总体设计思路是打破以知识为主线的传统课程模式，转变为以能力为主线的课程模式。

　　课程结构以基础发型整理流程为线索，讲解了烫发的操作项目，让学生通过完成具体项目来形成关于毛发生理、烫发药水、烫发原理、上杠技巧、烫发工具及仪器使用等的相关知识结构，并发展学生的职业能力。课程内容的选取紧紧围绕完成工作任务的需要循序渐进，以满足学生职业能力的培养要求，同时考虑中等职业教育对理论知识学习的需要，融合美发师的职业标准对知识、技能和态度的要求。

　　每个项目的学习都以发型制作的操作项目作为载体，设计相应的教学活动，以工作任务为中心整合相关理论和实践，实现学做一体化，使学生更好地掌握烫发的操作技巧。

能力目标：

1. 能准确识别顾客发质
2. 能自信地与顾客沟通
3. 能熟练使用各种烫发工具和仪器
4. 能正确认识各种烫发工具和药水
5. 能熟练进行烫发工作
6. 能熟练掌握烫发上杠的基本手法
7. 能运用五种基本上杠技术排卷

知识目标：

1. 能掌握热烫的基本原理
2. 能掌握发质判断标准
3. 能掌握洗头的基本步骤
4. 能正确认识各种烫发工具和药水
5. 能掌握烫发中的加热技巧
6. 能熟练掌握各种烫发药水的特点和功效

项目一 冷烫

烫发同染发一样，都是美发店里最重要的一种技术手段，也是提升美发店业绩和提高发型师、烫染师收入的关键之一。

根据美发店规模大小以及顾客要求的不同，冷烫在烫发中所占的比例也不尽一样，但同样是美发师必须掌握的技术。

任务一 烫前准备

活动一 咨询与接待

(1) 观察：顾客的发质、发长、发量、脸形、工作环境、性格、年龄等；
(2) 沟通：注意与顾客沟通的目的性、灵活性、专业性。

知识链接：烫发的目的和好处

(1) 可以增加头发的体积和发量，突出头发的质感和量感；
(2) 可以改变头发毛流的走向（比如刘海），调整头形的不足，掩饰脸部的缺陷；
(3) 烫后头发显得更加饱满活泼，更有立体感和动感；
(4) 易于日常生活中头发造型；
(5) 成功的烫发能增强顾客的自信心。

活动二 发质判断

烫发前应先检查头发的发质、粗细、长短、是否受损等情况，并询问顾客是否经常烫染。

1. 烫发前发质的判断

(1) 抗拒发质：发质结实，有较强抗拒性，烫发较难处理；
(2) 正常发质：发质健康有光泽，吸水性较佳，容易打理，头发效果容易把握；
(3) 受损发质：发质缺乏水分，缺少光泽，由于毛鳞片张开，容易流失水分和养分，烫后效果不持久；
(4) 严重受损发质：毛鳞片部分脱落，并受损严重，缺乏弹性，发色黯淡干枯，烫后需要特别护理。

2. 烫发前的头皮检查

若头皮有任何红肿或损伤，应立即停止烫发。

判断顾客发质的目的是为了选择适合顾客发质的药水，以及是否添加合适的护理液，从而达到完美的烫发效果。

知识链接：烫发中的毛发生理学

1. 头发中的四大链键

（1）盐键：分布于头发的皮质层，控制平衡头发内部的酸碱度。

（2）氨基键：同样分布于皮质层内，有关头发的蛋白质和营养成分（细软的头发里不存在，只有粗硬的头发才有，氨基键决定头发的张力和弹性）。

（3）氢键（H）：遇水则断，失去水分后又自然连接，涉及头发的造型原理。

（4）二硫化物键（S）：由两个硫原子串联组成。涉及控制头发的形状，与化学制剂发生反应可改变其连接，就会改变头发的形状，如同冷烫原理。

2. 头发的可塑性

头发的可塑性非常强：遇湿、热、碱就会变软膨胀，毛鳞片也会打开；反之，遇干、冷、酸就会变硬收缩，毛鳞片也会闭合。

活动三　洗头

与顾客沟通设计好后，先带顾客洗头冲水，然后写出操作计划（可画出烫发示意简图、烫发杠种类型号、排位方向和操作时间顺序等），再进行下一步操作并准备工具。

注意事项：

（1）洗头时不能抓挠头皮，要用指腹轻揉，以免抓伤顾客头皮后造成药水对顾客头皮过大的刺激；

（2）尽量选用单效洗发水（即不含护发素的洗发水）；

（3）顾客洗头期间，可以再次确认整个操作方案的各个环节是否有遗漏。

对话案例："您好，因为今天您要烫头发，为了避免烫发液刺激您的头皮，我不会洗太久，也不能用太大力气抓头皮，所以我会简单地帮您清洗干净。等您烫好后，我会帮您彻底清洗干净的。"

知识链接：烫发工具

（1）烫发杠：种类很多。大体可以分为热烫杠和冷烫杠，不同型号的烫发杠可以烫出不同大小、不同形状的发卷。

（2）尖尾梳：这种发梳一端是尖尾状，一端是梳齿状。用尖尾端分出一片头发后可以直接用梳齿梳理，从而减少操作环节。

（3）电发纸：是一种多孔性的发纸，渗透性强，可以帮助头发均匀地吸收药水。使用时还可以用于包住头发的末端使长短不一的头发平整易卷。

（4）带垫盆：是一种凹形的托盆，在使用烫发药水时将它放在顾客的肩部以防止烫发药水流到顾客身上弄脏衣物。

（5）喷水壶：烫发操作通常是在湿发状态下进行的，用喷壶可以随时将头发喷湿以方便操作，使头发易于梳理、上卷。

（6）鸭嘴夹：分区时夹头发所用。

（7）围布、棉条：保护顾客衣物、脸部不被药水弄脏。

（8）计时器：以便烫染师更好地控制烫发的时间。

知识链接：烫发杠

1. 空心杠（也叫标准杠、冷烫杠）（如图 3.1 所示）

空心杠是烫发过程中必备的工具之一，可以烫出大小不等的波浪或者纹理，适合短发和中长发。

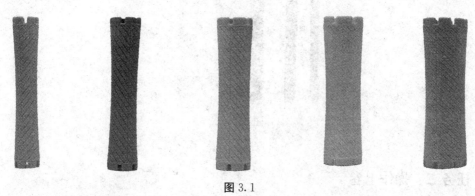

图 3.1

（1）头发烫出的波纹大小取决于烫发杠的直径，烫后大小一般为烫发杠直径的两倍；

（2）发杠的数量和大小的选择：全头排杠数量的多少取决于头形的大小、头发的密度以及杠具的大小；

（3）标准杠是所有杠具变化的基础。在市场上，标准杠一般分为 12 种型号，从 1 号到 12 号，杠子直径由大到小。在烫发中，可根据客人的发长、花形、卷度来选择杠具上杠（如表 3.1 所示）。

表 3.1

编号	型号	名称	长度（cm）	直径（cm）
大号	1 号	冷烫杠	10	2.5
大号	2 号	冷烫杠	10	2.2
中号	3 号	冷烫杠	10	1.9
中号	4 号	冷烫杠	10	1.6
中小号	5 号	冷烫杠	10	1.5
小号	6 号	冷烫杠	10	1.3
……	……	……	……	……
细号	8 号	冷烫杠	10	0.8

2. 长杠（加能杠）（如图 3.2 所示）

（1）主要是为了弥补冷烫杠不能完成长发的烫发；

（2）可以烫出条束感极强的花形。

图 3.2

任务二　操作上卷

总述：准备工作完成之后，应按照设计要求和预定步骤上卷。如果烫发设计中需分区，应该先分好区再上卷。分区时分份线应该干净整齐。我们这里主要通过五种基本卷杠技术的练习来熟悉这个烫发中最关键的环节之一。

活动一　长方形排杠（也叫十字排杠）（如图 3.3 所示）

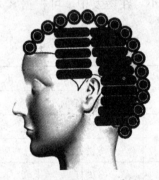

图 3.3

（1）十字排杠法一般被认为是最基本的排杠方式，任何修剪形状都可使用。它主要是在整个头部使用长方形形状。基本方向是向下。一般可在 30 分钟左右完成。

（2）长方形形状一般是从前发际线向后颈排列而成的。侧面的头发则划分为两部分。整个头部使用的是长方形基面。在较长的头发中使用长方形排杠时，烫发杠的直径要增大。

（3）分区：

①总体可将头发划分为五（或者三、七）个分区；

②可把第一个大区（间区）分为 3 个小区；

③余下为侧区：从顶点取弧形线（直线、斜线）连接耳点。

新手分区技巧（如图3.4所示）：

用烫发杠从前发际线到后颈量出中央分区（间区），再用烫发杠的长度量出侧面的前部区。分好区的头发用发夹夹住（或者用橡皮筋扎紧）。

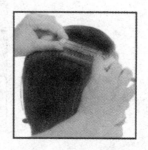

图3.4

（1）上杠手法：取水平发片上杠，采用平卷法从发梢卷至发根。

（2）发片提拉角度：全头90度提拉（也可由90度向75度、45度渐变）。

注意事项：

①发片的宽度取杠具的八分宽，全头头发要保持湿度均匀；

②发片的厚度大于等于杠具的半径，小于等于杠具的直径；

③下橡皮筋要求：与头皮成45度；

④侧后区第一片发片取斜三角形发片，这样才能保证排杠的紧凑性。

（3）分区要对称、每片发片厚薄要均匀。

（4）排好的杠子遵循五不原则，即不挤杠、不翘杠、不离杠、不压发根、不能折叠发梢。

（5）上杠时每片发片的拉力要均匀一致，张力要带紧。

（6）每片发片要从发根梳起，要梳通梳顺，以保持发片的平整光滑。

注意事项：

（1）每片发片横向提拉的角度要看发片的中心点，要和前一片发片横向提拉的角度一致。任何角度的偏移都会造成杠具排列不整齐，花形不均匀。

（2）上电发纸的作用及方法：

①电发纸主要的作用是包裹住发梢，使发片容易上卷。在卷杠的时候，一定要记住绵纸要超出或者平行于发梢，否则发梢在烫完后可能会烫焦（在热烫中尤其要给予特别注意）；

②此处采用的上电发纸的方法是：单层上纸法（即一根杠子只用一张电发纸，如图3.5所示）。

上卷完成后，要检查确认并进行细微调整。调整确定后，告诉顾客，上卷工作已经完成，下一步要开始上药剂了。

知识链接：烫发（冷烫）原理

1. 烫发（冷烫）

烫发（冷烫）指物理作用与化学作用的综合反应。

图 3.5

物理作用——将头发缠绕于卷杠上；

化学反应——药水与头发发生化学反应，使头发变软并改变头发内部链结构。

2. 烫发的两个步骤

（1）物理步骤：

将头发在烫发杠上，按一定的方向卷绕起来，使头发的链结构暂时改变，如图3.6所示；

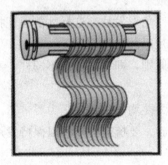

图 3.6

（2）化学步骤：

用化学产品（烫发药水）使头发定型持久。

知识链接：烫发药水

1. 冷烫常用的烫发剂有两种：

第一种为烫发液（又称为冷烫精、Ⅰ剂、1剂、A剂）；

第二种为中和液（又称为定型剂、Ⅱ剂、2剂、B剂）。

烫发液的作用是使头发膨胀软化具有可塑性，加上烫发杠的物理作用，使头发卷曲；

中和剂的作用是使头发的卷曲形状固定下来，并维持较长时间的卷曲度。

这两种烫发剂是配套使用的（作用相当于吹风中的热风和冷风）。

2. 烫发液分类（又称为冷烫精、Ⅰ剂、1剂、A剂）

（1）抗拒性冷烫液（R）适合粗硬油性发质；

58

（2）正常性冷烫液（N）适合健康中性发质；

（3）受损性冷烫液（C）适合受损多孔性发质。

以上三种烫发液分别针对不同发质使用，所以确认顾客发质非常关键。

活动二　砌砖排杠（如图 3.7 所示）

图 3.7

（1）砌砖式排杠事先不用分区，一般在 40 分钟左右完成；

（2）全头使用水平和斜向两种分份方式（分份线可以是直线也可以是弧线，其中弧线为最佳），头发全部向后缠绕。

（3）将头发全部向后梳。第一根烫发杠从前发际线的中间开始。仍然使用平卷法向后缠绕操作。第一排只用一根烫发杠完成。

（4）斜向划分头发，在第二排开始使用一对二的技术，即在第一排烫发杠的后部缠绕两个烫发杠。同样使用平卷法向后操作完成。

（5）砌砖杠是按层排杠，第三排是与第二排交错的三根杠子，同样使用一对二技术。这时中间的杠子与第一根杠平行。

（6）接着第四排是四根杠；第五排是头顶最宽的部位，为五根杠（中间杠与第一杠平行）。仍然使用一对二技术从中间开始向两侧操作，形成 12345 的结构。这时杠子应排到顶点位置。

（7）接着按 4321 往下排，排到 1 时，杠子基本上应该在黄金点上。

（8）再往下以 43232 排到枕骨点。

（9）最后往下以 322 或 22 的方式排枕骨点以下的位置结束（如图 3.8 所示）。

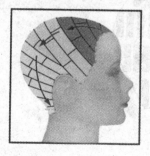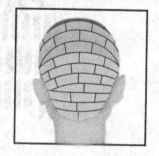

图 3.8

砌砖排杠法对全头烫、局部烫都适合，同十字排杠法一样，都是烫发师必须掌握

的排杠方法之一。

砌砖排杠法特点：发片与十字排杠法相比，烫后花形更加蓬松。

砌砖排杠法口诀：（1、2、3、4、5、4、3、2、1、4、3、2、3、2），即（12345、4321、432、32……322）。其中，"1"代表第一排的1根杠子，"2"代表第二排的2根杠子，"3"代表3根杠子，"4"代表4根杠子，"5"代表5根杠子。

知识链接：上杠中上橡皮筋的技巧

（1）分发片技巧（如图3.9所示）

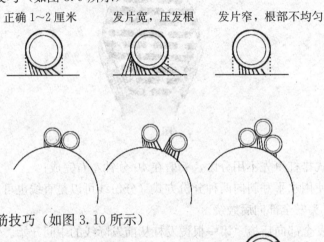

（2）上橡皮筋技巧（如图3.10所示）

图 3.10

活动三　伞形螺旋式排杠（如图3.11所示）

螺旋式上卷主要用于中长发和长发，烫出来的头发条束感强烈，并有拉长头发的视觉效果。螺旋式上卷可以从发根向发梢缠绕头发，也可从发梢向发干缠绕。此练习中使用的是从发梢向发干缠绕头发的技术，烫发杠以砌砖模式进行排列。

图 3.11

一般沙龙上卷时间为50分钟。具体操作如下：

（1）由下至上将头部分为四个区。首先在后颈取水平分份。划分出一个直径大小的长方形基面，使用螺旋技术上卷（采用竖卷排杠）。

（2）第二排以相反的方向缠绕头发。从第一排最后完成上卷的烫发杠上部开始。以此法做完下面的三个区。

（3）在顶部使用放射形分区。从后部发际线向两侧操作，直至卷完全头。

每一个区上卷的方向可以是同一个方向，也可以相邻两个区采取相反方向交错进行。

活动四　扇形排杠（如图 3.12 所示）（选修）

图 3.12

此排杠法间区与十字排杠法相同，都是从前发际线经头顶到后发际向下排。不同之处在于两侧头发需要各形成一个扇形。烫后头发自然向后，便于吹风造型。任何发型都可采用。

具体操作：

（1）同样以卷杠 8 分宽来做分区的依据划分出间区；间区分为三个小区；

（2）第 1 区和第 2 区宽度基本相同；

（3）第 3 区需渐渐缩小，以便为侧区留下足够的卷发区域；

（4）第 4 区依卷杠 8 分宽划至颈背二侧（此处需换短一号杠具）；

（5）第 5 区为椭圆形画线，前上方厚度约为一个卷杠的直径（杠具需再短一号）。

知识链接：卷杠不同方向的摆放所产生的效果

（1）水平卷杠（横向）：向下卷，纹理连接，烫后发丝服帖；向上卷，纹理凌乱，动感活泼；

（2）竖向卷杠（纵向）：头发动感以及条束感大于平卷法，纹理连接，上、下层错位，层次感较强，方向前后左右均可；

（3）内斜卷杠（斜向前）：前低后高，发丝纹理向前，动感向后；

（4）外斜卷杠（斜向后）：前高后低，发丝纹理向后，动感向前。

任务三　涂放一剂

涂放一剂训练：

（1）可以先在发际线一圈涂抹少许护发素以保护顾客皮肤；

（2）在顾客头部围上棉条或者毛巾，不可太紧或太松，因为太紧容易弄伤皮肤，太松则毛巾容易滑落；

（3）用两面法上药水，全头从下往上，逐个杠子上完（第一遍上 1/3，3~5 分钟后上 2/3），注意用纸巾或毛巾接住药水，避免弄脏顾客面部和衣物；

（4）检查药水上均匀后，再包上保鲜膜，调好计时器放在顾客旁边。

注意事项：

（1）从卷杠的正反两个面上药水，能使药水更均匀渗透；

（2）若发梢受损，也可先在发梢抹上护发产品，再上药水，可减少烫后发梢的发毛感；

（3）两次涂放的目的在于先涂放 1/3 减少头发的张力，再涂放 2/3 让头发充分吸收，特殊情况可以进行三次涂放；

（4）另一种涂放法：待全部发杠卷好后，再统一涂放足量的烫发液；

（5）包上保鲜膜的目的是为了防止药水挥发，影响烫发效果。

知识链接：烫发中化学变化过程（如图 3.13 所示）

烫发时，将头发卷在卷杠上使之产生物理性的卷曲；

在烫发水第一剂的作用下，头发内部的二硫化物键被切断，而变成单硫键；

烫发水第二剂进入头发后，使原来的单硫键无法回到原位，而与其他一个与之相邻的单硫键重新组成新的二硫化物键，使头发中原来的二硫化物键的形状产生变化，从而使头发保持长时间的卷曲。

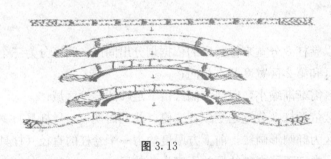

图 3.13

简单来讲，冷烫的物理和化学作用阶段就是：塑型→软化→定型。

任务四　试卷

试卷技巧训练：

第一剂到时间后，要检查卷度，以确定烫发液是否已经让头发软化。

方法一：打开头部不同部位的 1~2 个卷杠，全卷放开置于掌心，检查头发卷度和回弹力度是否合适，合适即可冲水（如图 3.14 所示）；

方法二：将打开的卷杠拆至发根 2/3 处，将发片往前推 "s" 形的卷度，弯度越深，表示软化程度越高，头发烫出来越卷。

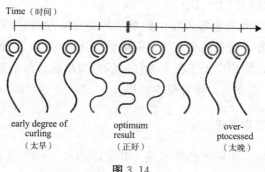

图 3.14

注意：

（1）检查卷度时，应注意不是头发越卷越好，主要还是要符合于与顾客沟通的烫发后效果要求；

（2）在烫发作用时间内，并不是软化时间越长越好，达到一定时间后应尽量提早试卷；

（3）上述两种试卷都是基于头发软化原理，因为全拆时越软化的头发越不会回弹，半拆时越软化的头发愈容易出"s"形波纹。

任务五　第一次冲水

冲水技巧训练：

（1）以手势引导，带顾客冲水。

（2）顾客躺下后，用手轻轻托住头部，在不弄散卷杠的情况下，用温水轻轻地冲洗，时间不宜太久，以洗净为标准。

（3）用毛巾吸干头上水分后，包好毛巾将顾客带回原位，以便进行下一步操作。

注意：

（1）需提前安排好冲水空位，带杠冲水；

（2）冲水时最好托住客人头部，以免弄散、弄乱发卷；

（3）一剂如果不冲净会影响卷曲效果并增加头发受损度。此过程不用上专业洗发水和护发素。

任务六　涂放二剂与第二次冲水训练

活动一　涂放二剂训练

同涂放一剂（同样使用"两面法"）。

（1）在涂放好后等待的时候，可以收拾或清洁好所有不再用的物品，按要求放回原位；

（2）定型时间一般为 10～20 分钟（具体也可参照产品说明）。分两次上，先上一

次二号剂，等待 5 分钟后再上一次；

（3）二号剂一定要渗透全部头发，如果二号剂没有全部渗透或染膏停留时间不足，定型效果就会不好，烫卷的头发短时间内就会还原变直，从而造成烫发失败；

（4）定型完成后，按顺序拆下每个卷杠（拆卷时尽量将每个发卷放回到之前的位置，以免发卷变形），拆完后，检查最终效果。

活动二　第二次冲水训练

用夹子把头发夹好，带顾客到冲水位，并立即冲水。冲净后用毛巾吸干头发上水分，包好毛巾将顾客带回原位。

（1）第二次冲水时也可继续带杠冲水，可以使用护发素或者专业烫后洗发水；

（2）长发要用手将头发托住冲洗，不可以大力拉扯头发或揉搓头发，以免头发变形或受损；

（3）洗头时用温水冲洗（凉水效果更好）。烫发后的头发必须冲洗干净，否则会造成药液残留，使头发枯黄无光泽。

任务七　烫后造型与产品推荐

活动一　烫后造型训练

（1）先用大风罩将头发烘干，将顾客头发烘干到 7～9 分后，再进行护理和造型。先均匀地在顾客头发上涂抹适量发乳，再涂上适量啫喱水或弹力素，最后用手造出自己想要的形状。

（2）也可依照发型需要用手甩吹或者用吹风机配合发梳吹出想要的造型。

应提醒顾客烫后要注重护理，这样才能使头发卷度持久、更加顺滑和有光泽度。

（3）烫后的头发结构必须经过 2～3 天才能稳定，因此 3 天内不能洗头，不能用密齿梳梳理。

活动二　烫后产品推荐

推荐技巧案例：可以将之前已准备好的造型产品或者烫后产品正面对着客人摆放，或让客人拿着，让她亲自感受，同时向她介绍产品。

活动三　预约下次来店

可以向顾客建议或预约下次回来修整的时间，留下联系方式并做好相应记录，以方便以后调阅以及对顾客的回访。

知识链接：卷杠上杠和上电发纸技术

1. 头发上杠技术

（1）重叠卷法（用于短发及中长发）。使用这种技巧就是把头发在烫发杠上一层叠一层地裹起来。这是最传统最常用的卷发技术。

（2）螺旋卷法（用于中长发及长发）。使用这种技巧就是把头发一圈挨一圈地卷在卷发芯上。头发烫后能使人产生视觉上的拉长效果。

2. 上电发纸技术

（1）上纸作用：保证上卷过程中发片和发梢的平整光滑，并能使头发对药水的吸收更加均匀。

（2）上纸技巧：

①折叠法（如图 3.15 所示）：

首先将电发纸放在头发的下面，然后将电发纸对折过来压住头发再上卷。适用于要卷的这片发片发量不多或纸面很宽的情况。

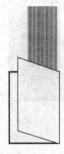

图 3.15

②双层法（如图 3.16 所示）：

把两张电发纸放在要卷头发的正面和背面，然后上卷。适用于发梢较碎、长度差异较大的头发。

图 3.16

③单层法（如图 3.17 所示）：

把电发纸放在要卷的头发的正面或者反面，然后上卷。适用于长发、中长发。

④接驳法（如图 3.18 所示）：

先把一张电发纸放在要卷的头发的正面或者反面，然后在上卷的过程中视需要再放一张。适用于落差极大的发型结构和发丝太碎的情况。

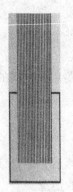

图 3.17

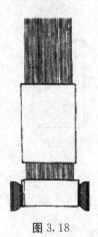

图 3.18

任务八　各种冷烫模具的上杠技巧

活动一　定位烫（又叫空心卷、皮卡路）

（1）从顶点位置，取出一片发片，先将电发纸对折好（作用是在包发片时容易操作）；

（2）将发片放入电发纸内对折包好，用一只手的拇指和食指将发片捏紧，另一只手以无名指做轴将包好的发片尾端折回成空心状（空心状的大小根据设计花形而定）；

（3）接着用两手的拇指和食指捏住空心状的发片，以打圈手法从发梢缠绕至发根；

（4）用定位夹或无锯齿的鸭嘴夹将卷好的发片在发根部固定。

注意：

（1）卷法排列：全头排列采用 U 形区放射分份排列，结合其他区域的砌砖排列而成；

（2）发片基面：圆形、长方形、正方形、三角形均可；

（3）适用于顾客需要调整毛流走向或是短发造型烫。

活动二　锡纸烫

（1）从顶点位置，取出一片发片，基面同定位烫；

（2）将发片放入锡纸内对折包好，用一只手的拇指和食指捏紧发片的发根部位，右手将包好的发片从发根开始采用拧转手法，从发根拧至发片尾端完成（发片的大小根据设计花形而定）；

注意：

（1）提拉角度：全头90度提拉练习；

（2）此烫法烫后花形会呈现明显的卷曲度，线条感强烈（适合烫发根，通常用于中短发）；

（3）在为顾客进行锡纸烫时，如个人操作熟练且速度快，可先涂抹全头药剂再进行操作；若是不熟练、速度慢，最好选择涂抹一片扭转一片的方式进行操作。

活动三　辫子烫

（1）此款烫发无须分区，首先将头发划分出中心线，从后颈部开始水平分线，厚度在2厘米左右；

（2）分份线：采用垂直分份，分份宽度根据烫发设计而定；

（3）提拉角度：全头提拉90度练习；

（4）编发手法：

①将分片分为均等的两份，采用二手辫编发（花形呈柳条状）；

②将分片分为均等的三份，采用三手辫（花形呈"S"形蓬松，适合中长发）；

③将分片分为均等的两份，两发片向相反方向拧成条绳状，再将两股发束交叉缠绕（条束感更加强烈）；

（4）卷法排列：同定位烫。

发梢一般用锡纸来固定。

活动四　扭缠手法

（1）取出发片拧成条绳状，左手拇指和食指握住杠具的上端，其余手指扶稳杠具；

（2）右手小拇指夹住尖尾梳，拇指和食指捏着发片，如拧发片的方向是右边，缠绕方向就是往左边；

（3）从杠具的上端开始缠绕，缠绕一圈时左手其余三个手指固定发片，发片形状一面是水平状，一面是拧绳状，将发片一直缠绕到发梢完成；

（4）电发纸包法：左手拇指和食指握紧杠具，其余三个手指固定发片，将电发纸加入其余三个手指固定，右手将电发纸对折再将电发纸拧成条绳状缠绕到杠具上，最后用橡皮筋固定即可。

扭缠效果：花形凝聚明显，呈束状。

活动五　片加扭手法

（1）从颈背线开始取发片，第一小区分成两片发片用两个杠具完成；

（2）用尖尾梳分出第一片发片，左手拇指和食指握住杠具的上端，其余手指扶稳杠具，右手拇指始终夹住尖尾梳，食指和中指夹着发片，从杠具的上端开始缠绕；

（3）缠绕一圈时左手其余三个手指固定发片，将发片一直缠绕到发梢，剩下 2～4 厘米时，左手拇指和食指握紧杠具，其余三个手指固定发片，将电发纸加入其余三个手指固定，右手将电发纸对折，再缠绕到杠具上；

（4）最后用橡皮筋固定完成。过程当中注意发片的角度、厚薄度以及均匀度。

排列时可用：中间往两边、两边往中间、一左一右根据设计而定。

项目题库：

1. 为什么有部分客户的头发不容易甚至不能烫卷？

2. 通常第一剂在试验几卷满意后去冲水，再上第二剂，但往往烫完后又产生太卷的现象，其原因何在？

3. 为什么烫发时偶尔会发生发梢发毛的现象？

4. 烫发时为什么要用发针将橡皮筋挑起？

5. 冷烫后为什么有的顾客的头发比较容易变直？

6. 影响烫发效果的原因有哪些？

项目二　热烫　（卷发）

热烫同冷烫一样，都是美发店内盈利的重要项目之一。热烫的效果相对于冷烫来说，烫后花形的卷曲度和持久性更强，因此更加受到一些顾客的欢迎。

任务一　烫前准备

活动一　咨询与接待

同冷烫。

活动二　发质判断

同冷烫。

对于极度受损发质，可建议顾客暂缓烫发，因为此发质的内部结构已经被严重破坏。

活动三　洗头

同冷烫。

知识链接：烫前烫后护理的作用

在进行烫染项目的顾客中，发质受损者占有相当大的比例，甚至有部分顾客的发质严重受损。这种头发由于缺乏水分和油脂，在烫发后极易造成头发干枯发毛甚至断裂的现象，烫后花形也会显得松散，缺乏弹性。

因此烫前护理是很有必要的，它能及时补充头发里已经流失的营养物质，如水分、油脂、蛋白质等，同时还可以中和烫发水的药性，延缓药水的反应时间，在烫前全面保护顾客的头发。

在烫发完成后，仍会残留少量不能被水清除的药水在头发中继续发生反应，使毛鳞片不能闭合，从而造成头发内部营养成分流失，使头发发毛无光泽，影响烫后效果。

而烫后护理能快速关闭头发的毛鳞片，在防止头发内部营养流失的同时又及时为头发补充营养，同时中和残留药水的药性，使烫后效果更持久，发丝也更具有弹性和光泽度。

任务二　涂抹一剂以及染化测试

活动一　涂抹一剂训练

根据发质状况、发型设计需求决定涂抹范围，药水要涂抹均匀，每片发片大约2厘米厚，刷发片的时间尽量控制在15分钟内。

如顾客头发属于严重受损发质，需要进行烫前护理；

热烫药水的一剂是膏状，同染色一样需要考验烫发师刷发片的功底。

（1）头部分区：十字分区。

（2）头发保留的水分（参考标准）：

发质　　　　　　　　　水分

抗拒、中性：　　　　　10％

一般受损、细软：　　　20％～40％

严重受损：　　　　　　30％～60％

（3）一剂药水与三号剂的调配比列：

抗拒发质：涂抹一号剂分量要多要足；

中性发质：涂抹一号剂分量适中；

一般受损发质：一号剂分量适中＋适量三号剂护理；

严重受损发质：一号剂分量适当减少＋大量三号剂护理；

（4）刷法：一字拖法、斜八字刷法、搓揉法；

（5）发片提拉角度：随修剪角度，发片交叉摆放，不重叠。

软化时，只用将烫发剂涂抹到头发需要烫的部位，也可以涂抹到上卷位置以上1厘米处；

当遇到受损发质时，软化前最好对受损处进行护理，即加入三号剂，内含蛋白质、氨基酸等能够为头发补充营养的成分；

护理可以在软化前进行也可以与软化同时进行。

活动二 测试软化训练

（1）视觉：用眼睛观察头发的内部色素流失（因为烫发同样需要打开头发的毛鳞片，而毛鳞片打开就会造成色素的流失，头发的度数就会褪浅）；

（2）触觉：用手拉出 5 根左右的头发，将头发的一端缠绕在手指上，另一只手略微带力将头发拉至一定的长度，头发不会断裂且有一定的收缩性和回弹力。

测试头发软化程度时，我们一般是将头发拉长至原有发长的 1.5～3 倍的情况下，再放开看头发回弹的波纹（具体可参照下面表 3.2）。

表 3.2

软化程度	头发软化表现形式
90％以上	⌇⌇⌇
80％～85％	／‿⌇⌇
70％～80％	∿∿∿
60％～70％	⌒⌒⌒

在软化过程中，一般情况下头发软化到 80％～90％为最佳效果。但根据不一样的烫发效果要求，我们也可以选择不同的软化程度，比如我们要烫出较为自然的效果，就可以只将头发软化到 65％～75％即可。

任务三 冲水及操作上卷

活动一 冲水训练

冲水的目的是为了洗净一剂，操作方式同冷烫。

水温要低，水压要小，冲水时要注意用手带顺头发，使头发顺服，以方便下一步上杠。

活动二 操作上卷

（1）根据发型设计要求选择合适的卷杠型号；

（2）卷杠前在烫发部位涂抹烫中护理剂（抗热油），注意头发受损部位和发梢多涂抹一些；

（3）掌握好头发的湿度，尽量保证卷杠的过程中头发的湿度一致；

受损发梢不能直接接触烫发杠，因此一定要注意用电发纸包住受损的发梢；

知识链接：抗热油

它的作用是在加热过程中补充头发因高温流失的营养成分，对受损头发起到补充营养、增强头发抗热性的作用。

对于正常发质可适量涂抹抗热油，受损发质则要稍多涂抹一点抗热油。但涂抹量不能太多，否则影响加热效果。注意要涂抹均匀。

活动三　上隔热垫

（1）每个发杠都要用隔热垫包住发杠并用大夹子夹稳，既是为了加热时杠子不会烫伤顾客，又可保证头发不会松开，杠子不易脱落；

（2）用棉签挑起橡皮筋以保证头发烫后不会出现压痕。

知识链接：烫发设计

1. 烫发设计原则（即杠具的排列组合方式）

（1）重复原则：全头采用直径相同的杠具；

（2）渐进原则：杠具的直径越来越小（大）；

（3）对比原则：全头采用两种以上的杠具；

（4）交替原则：两种杠具交替使用。

2. 基面

基面指烫发中分区分份时发根与头皮之间形成的形状。基面的形状一般分为以下几种几何形状：三角形、长方形、正方形、圆形、梯形。

任务四　加热

加热时间控制训练（如表 3.3 所示）

表 3.3

发质	温度	时间（分）
抗拒	140℃～150℃	加热 5 分钟、冷却 2 分钟，再加热 5 分钟……
健康	130℃～140℃	即使用 5、2、5、2、5……的加热、冷却顺序。
一般受损	120℃～130℃	3、2、3、2、3……
严重受损	80℃～110℃	2、2、2、1、2、1……

注意事项：

（1）要注意防止杠具烫到顾客的皮肤；

（2）检查机器和每根杠具是否正常加热；

（3）以上加热时间仅作为一个参考标准，具体要根据实际情况操作，加热时不能随便离开顾客；

（4）注意区分头发加热时湿、润、干的状态；对于受损发质，在润的状态时就要停止加热，对于健康和抗拒发质则可以将头发加热至干发状态；

（5）不要加热到想要的状态时才关闭电源，因为电源关闭后卷杠还会保持一定时间的余温。

知识链接：热烫的化学原理

热烫时，软化剂（一剂）负责切断头发中的二硫化物键，然后在加热环节时，根

71

据卷杠芯产生的高温使头发产生热塑卷度的记忆，从而使头发的形状随缠绕在卷杠上的卷曲度而变卷。当加热环节完成后，定型剂（二剂）使改变形状后的头发链键全部重新连接组合，从而使头发形成我们想要达到的卷曲形状并能保持较长时间。

任务五　定型

活动一　换杠训练

一边倒退出热烫杠一边用将头发在手指上绕圈的手法退完，然后根据想要的花形大小换成冷烫杠具（也可以将头发打圈后用定位夹固定好）。

活动二　定型训练

同冷烫。

定型时间一般为 8~15 分钟，应根据发质的不同，在此时间段内增加或者缩短定型时间。

任务六　冲水及造型

活动一　第二次冲水训练

同冷烫。

活动二　烫后造型训练

同冷烫。

知识链接：热烫（直发）

很多爱美的人向往有一头飘逸顺滑的长直发，这时就需要用到化学拉直发技术。拉直发技术和热烫大致程序相同，最大的区别就在于烫卷发是在一剂软化后就采用上杠的操作程序，而拉直发技术则是在软化时采用梳子将头发梳直的操作程序，必要时还会用到夹板操作。下面就简单地介绍一下拉直发的技术。

（1）检查顾客发质情况、检查头皮，洗发；

（2）做好烫前防护工作，并将头发分成四个区域（十字分区）；

（3）分出发片涂抹直发膏，从颈背开始向头顶区涂抹，直至完成全头，留出发根 1~2 厘米不涂抹；

（4）涂抹完成后依据发质的不同，让染膏停留 15~30 分钟以软化头发（也可参照产品说明），期间每 2 分钟左右用梳子梳顺头发一次，以保证头发的顺直程度；

（5）用温水将一剂彻底冲净，并用毛巾将头发上多余的水分吸走；

（6）将头发分层，一层发片约 2 厘米的厚度，再使用夹板将每片头发反复拉三遍，在拉的过程中要注意控制速度，不能太快或者过慢，总的来说，在拉到发梢时要加快速度一下带过；

（7）直到头发全部拉好后，再上定型剂，涂抹要均匀，上好后停留 15 分钟。如果希望拉过的头发显得更自然，也可以选择不上定型剂。

（8）冲水、吹干即完成。

直发烫后护理注意事项：

（1）烫后 3 天内不要洗头；

（2）刚做完直发不可以扎发，或者夹到耳朵后面去；

（3）睡觉的时候要注意抚平头发。

知识链接：夹板的使用

1. 夹板的适用范围

可以用于永久性直发，也可以同吹风一样用于一次性造型使用。

2. 夹直的使用要求

（1）根据发质选择温度：

①抗拒性发质 200℃～220℃，健康发质 180℃～200℃，一般受损发质 150℃～170℃，严重受损发质 120℃～140℃；

②也可靠视觉判断：如果发片发白，说明所选温度偏高；发丝黯淡无光泽，说明所选温度偏低。

（2）与夹板配合的梳子在滑动中一般保持在夹板的前面，发片不可分得过于厚重，否则会导致受热不均；

（3）夹板在头发各部分的力度与速度：

	发根	发干	发梢
力度	轻	重	轻
速度	快	慢	慢

3. 拉直发后不同的效果

（1）拉得好的效果：发丝垂直、飘逸、有光泽；

（2）拉得不好的效果：发丝偏毛、无光泽、会反弹。

项目题库：

1. 热烫和冷烫的区别有哪些？

2. 请将表 3.4 补充完整。

表 3.4

脸形	烫发设计	目的
圆形		
方形		
长形		
三角形		
倒三角形		

3. 拉直头发常见的问题有哪些？

第四单元　吹风造型

单元描述:

　　本课程是中等职业学校美发与形象设计专业的一门核心课程,是从事美发相关工作的必修课程,其功能是使学生在了解顾客的需求和毛发情况后,把握流行时尚,根据自己掌握的吹风造型的操作规程、操作技能及要求,给顾客完美的建议和进行娴熟的操作,具备吹风造型工作岗位的基本职业能力,为成为发型师打好基础。

　　本课程以行业专家对美发岗位的工作任务和职业能力分析结果为依据。总体设计思路是打破以知识为主线的传统课程模式,转变为以能力为主线的课程模式。

　　课程结构以基础发型整理流程为线索,讲解了吹风造型的操作项目,让学生通过完成具体项目来形成关于毛发生理、吹风技巧、吹风工具的使用等的相关知识结构,并发展学生的职业能力。课程内容的选取紧紧围绕完成工作任务的需要循序渐进,以满足学生职业能力的培养要求,同时考虑中等职业教育对理论知识学习的需要,融合美发师的职业标准对知识、技能和态度的要求。

　　每个项目的学习都以发型制作的操作项目作为载体,设计相应的教学活动,以工作任务为中心整合相关理论和实践,实现学做一体化,使学生更好地掌握吹风造型的操作技巧。

能力目标:

　　1. 能说出吹风机操作的原理和技巧

　　2. 能列举固发用品性质和使用特点

　　3. 能说出梳理发型工具的性能与使用技巧

　　4. 能根据不同造型要求和发质,正确选择吹风机及辅助工具

　　5. 能进行中、长、短发造型,梳刷与吹风机配合协调

　　6. 能熟练操纵吹风机的温度、风力、时间和角度

知识目标:

　　1. 能了解吹风机操作的原理和技巧

　　2. 能掌握固发用品性质和使用特点

　　3. 能掌握梳理发型工具的性能与使用技巧

　　4. 能熟记毛发知识

　　俗话说"3 分剪 7 分吹",一个发型做得成功与否,吹风造型是其中的一个关键因素。吹风机不仅是专业造型师在工作中创造各种发型的重要工具之一,也可以使造型后的头发流畅有光泽。

吹风造型的目的和优点：

（1）提升顾客发型的美感，让顾客发型多变；

（2）帮助直发顾客在某些特定场合设计出卷发形象；

（3）有助于扎发和盘发造型。

美发师要具有手部灵活性才能够做好吹风造型。学习美发较为科学的模式是：洗发→吹风造型→烫染→修剪。这种阶梯形模式的优点是可以通过洗头、按摩来锻炼手的灵活性以及熟悉头发的特性，在接下来学习吹风造型时才能更好地做到手握吹风机与梳子的良好配合。

项目一　湿发吹干

在一开始学习吹风时，首先需要练习的并不是直接用吹风机和梳子去配合，而是应该先练习用手去拨干或者吹直头发。这样做的目的是为了锻炼手指的灵活性以及手与头发的配合，并为吹风后的造型打下基础。

任务一　吹风手法训练

活动一　手法练习

（1）拿吹风机训练：可手握吹风机手柄也可手握吹风机风管。

如握吹风机手柄则手不能离机身太近，以免影响手腕运动的灵活性；如握吹风机风管，最好将吹风机的连接线放于手臂内侧（在吹风时不易将连接线扫到客人的脸上）。

（2）站姿训练：一只脚向前跨半步，另外一只脚伸直，形成弓步；也可双脚分开齐肩宽，身体微微前倾或挺直。

（3）站位训练：吹风时要站在顾客的侧前方，风嘴要斜向后送风。这样可以避免吹风机向前送风时，将头发吹到顾客面部，对顾客造成影响。

注意：

（1）吹风时姿势要大气，形体端正，动作熟练；

（2）手握吹风机手柄不要太紧，否则会影响手腕的运动；

（3）必须双手都能熟练地使用吹风机。

知识链接：吹风造型

（1）吹风：

①吹风过程：用热风来塑型；

②吹风结束：用冷风来定型。

（2）造型：在不改变头发原始长短和结构的情况下，给予头发第二次形态叫造型。

这两者接合在一起，就是我们常说的吹风造型。

活动二　湿发吹干训练

（1）为顾客洗过头后，引领客人到座位上坐好（垫在顾客肩部的毛巾先不要取下，以免打湿顾客衣服）。

（2）吹风机与手配合开始吹风，手位往哪里摆动，吹风机就往哪里送风。首先吹头发湿度最大的部分，将头发上过多的水分去掉。

吹风机的送风方向必须顺着头发的流向吹，目的在于吹顺毛鳞片，否则吹干后的头发会变得起毛、不顺滑。

（3）当头发有一定的干度后，再按照先发根再发干、发梢（如果是严重受损发质，也可选择让发梢自然风干）的顺序操作。

吹风时要形成流动风，吹干头发时，不要反复吹一个区域的头发，否则过热的温度，会破坏头发皮质层的纤维蛋白，使头发干枯受损。

（4）吹发根时用手指深入发根内部左右拨动先将发根吹干，这样可使头发发根直立，显得自然蓬松；而在吹发干和发梢时以拨动、提拉的方法为主。

注意：

（1）风力要进入头发内部，否则可能头发表面吹干了但里层的头发还是湿的；

（2）身体在吹风的时候随着吹风位置的不同慢慢移动；

（3）开始吹干的时候不要套上风嘴，这样的送风吹出的头发较为自然，而且能加快吹干速度；

（4）不要将热风直接吹向头皮，或者过于接近头发，否则可能会烫伤顾客或者造成头发受损；

（5）吹风风力要有变化：吹发根时用中档风，吹发干和发梢时可把风力加强一档。

活动三　吹风造型前的分区训练

（1）简单的二分区方式：从顶点到两个耳点划出分区线，共 2 个分区、4 片发片，此种分区适合发量较少的顾客；

（2）常用的二分区方式：以枕骨点为界限上下分区，每个区采用平行分份或者斜向分份的分法，此种分区分份适合发量中等的顾客；

（3）常用的三分区方式：一般分为 U 形区域、枕骨以上区域和枕骨以下区域，同样采用平行分份或者斜向分份的分法，此种分区分份适合发量较多的顾客。

分好区后将要吹区域的头发留出，剩余的头发用夹子固定住，吹直发用一个夹子就可以了。

知识链接：吹风工具

吹风机：专业吹风机的功率在 1800w～3000w。可通过调节高风、中风、低风以及热风、温风、冷风来塑造发型。吹风造型必备工具 。一般配有聚力风嘴、散风风罩。

滚梳和钢丝梳：配合吹风机吹刘海、小卷以及大波浪。吹大花的重要工具。

排骨梳：多用于吹发根、男生短发以及吹线条。吹风最基本的工具。

九排梳：主要用于配合吹风机吹直发以及刘海，也可以吹女士短发的弧线。

项目题库：

吹风造型的原理是什么？

项目二 女发吹风

女发吹风是吹风中最常用的技术之一，对美发师的技术要求较高。常用的女发吹风有女士短发吹风、"C"弯、大花等。

任务一 直发吹风

活动一 吹风机与梳子配合的训练

（1）抓梳训练：以拇指与食指捏住梳子的凹处，其他三指辅助握梳柄。向内（内卷）滚动时，以拇指带动。向外（外翻）滚动时，以食指带动。

（2）吹风机、梳子配合训练：吹风机风嘴要与梳子保持90度，梳子要与头发流向保持90度，吹风方向要与流向一致。送风口与头发的角度在15度~90度之间。目的在于吹顺头发表面的毛鳞片，提升发片表面的光泽度与顺畅性。

知识链接：吹风中保护头发的注意事项

吹风时过高的温度会伤害头发内部结构，使发丝膨胀，毛鳞片脱落，从而使头发变色、弹性减弱和失去光泽，严重时甚至会出现头发断裂现象。头发表面的温度超过260℃的时候，头发内部就会形成碳化。当我们在吹风时发现头发表面出现泛白颜色的时候，就是由于头发出现了严重的碳化反应。因此我们在吹风时一定要注意对温度的控制。一般来说，吹风时，风口不能在头发上某处区域停留超过3秒钟。

当我们在吹风造型时，要在吹出造型后立即使用冷风定型（或者使头发自然冷却），这样不仅能减少对顾客头发的伤害，同时也能使头发弹性极佳，吹出的花形也更持久。

活动二 吹直发训练（如图4.1所示）

（1）先用毛巾将顾客头发中的水分吸干，并依据顾客的发质用吹风机将头发吹至一定干度；

（2）然后按照分区提拉出一片发片，用梳刷拉顺发丝；

（3）以梳子带动发片向下拉动，吹风机随梳刷移动，一片头发反复吹2~3次；

（4）梳刷移动速度的快慢要根据实际情况而定，吹风机一定要随着梳刷的移动而上下移动；

（5）以此法吹完全头即可。

图 4.1

如果顾客要进行吹风造型，需根据发质的不同保留头发不同的湿度：

粗硬发质：吹到 7~8 成干（不易起静电，防止头发受伤）；

健康发质：吹到 6~7 成干；

细软发质：吹到 5~6 成干；

烫染受损：吹至 5~7 成干。

如果吹风技巧比较灵活熟练，可以多吹一成干。

如果造型前将顾客头发吹得过干，头发会起静电，吹出的发片会起毛、无光泽、缺乏弹性，对头发的伤害也很大。

每片发片厚度不超过梳子的直径，宽度以梳子长度的 4/5 为标准。

知识链接：吹风造型的几大关键要素

1. 发质

头发发质的不同会影响造型时间和造型后效果。

（1）粗硬发质：吹完后持久性较强，但在造型过程中很难塑型；

（2）健康发质：吹完后光泽、弹性俱佳，而且较为持久；

（3）细软发质：吹完后不够持久，但在造型过程中塑型较为容易；

（4）受损发质：吹完后光泽度和弹性较差，而且吹风时间不能过长，特别是发梢部分，否则会导致吹后头发起毛，严重者甚至会烧焦发梢。

2. 加热时间和湿度

由于顾客的发质不同，吹风时的湿度的保持也不相同，因此，对加热时间不能定出统一的标准，只有根据发型要求以及头发的发质情况，恰当地控制吹风的时间。

吹风时间过长，会加大对头发的损伤；而吹风时间太短，头发没有足够受热成型，也会导致造型后效果不佳，因此需要不断地练习与总结，才能恰到好处地掌握造型时间的长短。

3. 喷水

如果造型时间过长，造成未吹区域的头发变干，可再次喷水，但要注意不要碰到已经吹好的头发，从而影响到最后的造型的效果。

4. 吹风区域

吹风机虽然不能长时间固定在一处送风，但也不能在头发上漫无目的地乱吹，这样会导致加热时热量不集中，影响吹风效果。因此热风造型后必须要冷风定型，才可起固定造型效果的作用，使造型达到持久。

任务二 吹卷基本手法

活动一 向内平卷进梳

(1) 将发片吹顺后全头 90 度提拉（根据需要的落差可调整角度）；

(2) 滚梳平行发片，在发片的下面进梳；

(3) 带紧张力，风嘴与发片保持 30 度角加热；

(4) 转动滚梳，风嘴配合滚梳将发梢送至内侧，转动滚梳从发干卷到发梢，根据需要的卷度调整发卷的圈数与滚梳的角度（如图 4.2 所示）；

图 4.2

(5) 加热完成后用冷风定型并退梳出卷。

注意：

(1) 吹风造型时加热一定要均匀。尽量让所有发丝受热均匀，这样才易于退梳；

(2) 定型的时间最好多于或等于加热的时间，这样定型效果才会好；

(3) 定型时一边用冷风定型一边将梳子退出来，退出的同时带上回弹的动作；

(4) 一定要在把每个发片吹出形状并定好型后再吹另一片，否则就会影响最后的造型效果。

知识链接：关于吹卷发的几点注意事项

(1) 关于张力（拉紧）：张力的掌握会影响头发的弹性。

张力是指手与梳子边吹边做拉紧的动作，即梳子对头发拉动的力度。在拉紧转动的情况下头发才有光泽与张力，成型后的发片才带有弹性。

(2) 关于角度：进行吹风时，吹风机不要直对着头发吹。如果直对头发，很容易把头发吹焦、吹干并烫痛头皮。

吹风时，送风口吹头发的不同部位有不同角度，一般在 15 度～90 度之间。在吹两鬓或发际边缘时，因为头发较短，热风可能会直接吹到头皮，因此，送风时应配合手间接送风，在手掌与头发之间形成一道夹缝，风从夹缝穿过，就不会烫痛头皮了。

(3) 关于距离：如果吹风口距离头发过远，热风分散得快，就不能使头发很快成型；距离太近，热风又太集中，令人难忍受，头发和头皮也会受到损害。

一般吹风口与头发之间的距离是 3～4 厘米。

(4) 关于持久性：一般来说，一片发片有上下左右四个面，吹风造型中，吹四个面出来的卷度保持时间是最为持久的。也有种说法称之为 4D 吹风造型。

活动二 饱满向前进梳

（1）发片吹顺后 45 度提拉（根据需要调整角度）。

（2）滚梳内斜 45 度在发片的下面进梳。

（3）带紧张力，风口与发片成 30 度角加热。

（4）吹风口配合滚梳将发梢送至内侧（风口与发片保持 30 度角不变），转动滚梳从发干卷到发梢，根据需要的卷度调整发卷的圈数与滚梳的角度（如图 4.3 所示）。

图 4.3

（5）加热完成后用冷风定型并退梳出卷。

活动三 收紧向前进梳

（1）发片吹顺后低角度提拉。

（2）滚梳平行于发片在发片的上面进梳。

（3）带紧张力，滚梳略微斜摆，风口与发片成 30 度角加热。

（4）吹风口配合滚梳将发梢送至滚梳内侧，转动滚梳，从发干卷至发梢，根据需要的卷度调整发卷的圈数与滚梳的角度（如图 4.4 所示）。

图 4.4

（5）加热完成后用冷风定型并退梳出卷。

活动四 收紧向后进梳

（1）发片吹顺后低于 90 度提拉。

（2）滚梳外斜 45 度在发片的上面进梳。

（3）带紧张力，吹风口与发片成 30 度角加热。

（4）吹风口配合滚梳将发梢送至滚梳内侧，转动滚梳向下滑行，根据需要的卷度调整发卷的圈数与滚梳的角度（如图 4.5 所示）。

图 4.5

（5）加热完成后用冷风定型并退梳出卷。

活动五　垂直向后进梳

（1）发片吹顺后低于 90 度提拉。

（2）滚梳垂直于地面在发片的上面进梳。

（3）带紧张力，吹风口与发片成 30 度角加热。

（4）吹风口配合滚梳将发梢送至滚梳内侧，转动滚梳向下滑行，根据需要的卷度调整发卷的圈数与滚梳的角度（如图 4.6 所示）。

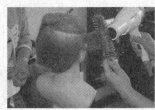

图 4.6

（5）加热完成后用冷风定型并退梳出卷。

活动六　发根吹蓬松训练

（1）发片梳顺后垂直于头皮提拉。

（2）滚梳平行于发片进梳，尽量接近发根。

（3）带紧张力，风口垂直于发片加热。

（4）吹风口与发片保持角度 30 度不变，加热发片的上面，同时滚梳向上提拉滑行。

项目题库：

1. 吹风中头部各个区域的作用是什么？

2. 刘海应该如何吹？

项目三　男发吹风

活动一　男发吹风常用技巧练习（与梳子配合）

（1）翻拉：主要用于男士中长发发根取发或增加发根的支撑力。

（2）翻：用于短发发根取发和提升发根角度。

（3）转：用于发梢或短发的发干，使头发产生自然弯曲的效果。

（4）推：用于调整流向，改变发根方向。

（5）压：用于控制发根的高低或发根定位。

活动二　男发吹风常用技巧练习（徒手吹风）

1. 揉法

在需要打理出略带凌乱的自然的感觉的发式时使用。用发蜡之类的定型剂适量涂于头发上，握住发根，上下揉搓，配合吹风，给头发带入动感。或者像洗头般，头发朝下随意揉搓吹风也可。

2. 梳拢

在手上稍微使点劲，手指像耙子一样把刘海拢向侧面，边拢边给风，即使不额外使用定型剂，也可以打理出自然、大方的线条。

3. 合捏

将发梢打理出活泼俏皮的感觉。如果希望打理成小发束的时候，可将一些头发用指尖捏住，取一些定型剂，边擦边扭转发束，再辅以吹风，更容易造型。

4. 空气吹

打理出随意不羁感觉的发式的关键在于带来空气感。吹风的技巧，好像给头发注入空气般，产生清风拂面的效果。富有空气感的短发非常受欢迎。吹风机从下向上吹，手指拂动发根，转动吹风机，为头发内侧注入空气。

知识链接：吹风造型的技巧和方法

发式造型，作为一门造型艺术，不能脱离人的因素。发式造型的艺术形象，是由多种因素有机组合而成的。这些因素是发式造型艺术的语言、情感和表现手段。这种表现手段和技法有：

（1）遮盖法。利用头发或发饰，对视觉上过于暴露和突出而不够完美的部位进行掩饰、遮盖，弥补和冲淡这些不足之处。其作用是：遮盖缺陷，弥补不足，改变面积，调整比例。

（2）衬托法。在发式造型和组合构图上运用广泛，采用疏密、虚实、高低等手法相互衬托；色调上采用明暗、层次、深浅相互衬托；线条上采用直曲、斜竖相互衬托。其作用是：增加起伏高低，弥补虚实松紧，突出主次气韵，达到相辅相成。

（3）亮露法。在发式造型中，尽一切可能使美的部分显露出来，保持和显示形体的自然美和内在美，不做任何装饰。其作用是：清新明净，扬瑜掩瑕，扩张视角，显示自然。

（4）渲染法。对发式造型加强渲染，有发饰渲染、彩色渲染、造型艺术渲染等。其作用是：引导视觉，加强发式感染力。

还有很多方法，比如填补法、组合法、分割法、点缀法等。

活动三　男士吹风实际操作

（1）用梳子或用手掌压住头发，配合吹风使头发平服。

（2）梳子插入头发后以梳背压住头发，小吹风对着压住的头发来回移动吹，用吹风机的热力和梳子的压力，使这部分头发平服。此步骤一般用于头两旁和发式轮廓边缘处。

（3）再用手掌压住头发发梢处然后适当离开发梢，吹风机对着手掌与头发的空隙，将2/3的热风分吹在手掌上，立即将手掌上的热气压向头发，压时手掌略带弧形，使压平服的发梢略带弧形。此步骤一般用于修饰轮廓部位头发，使轮廓饱满圆润。

项目题库：

1. 吹风造型中针对不同的脸形特点该如何修饰？

2. 吹卷和吹花容易出现哪些问题？该如何解决？

第五单元　扎发与盘发

单元描述：

　　本课程是中等职业学校美发与形象设计专业的一门核心课程，是从事美发相关工作的必修课程，其功能是使学生在了解顾客的需求和毛发情况后，把握流行时尚，根据自己掌握的扎发与盘发的操作规程、操作技能及要求，给顾客完美的建议和进行娴熟的操作，具备扎发造型工作岗位的基本职业能力，为成为发型师打好基础。

　　本课程以行业专家对美发岗位的工作任务和职业能力分析结果为依据。总体设计思路是打破以知识为主线的传统课程模式，转变为以能力为主线的课程模式。

　　课程结构以基础发型整理流程为线索，讲解了扎发与盘发的操作项目，让学生通过完成具体项目来形成关于毛发生理、扎发技巧、扎发工具的使用等的相关知识结构，并发展学生的职业能力。课程内容的选取紧紧围绕完成工作任务的需要循序渐进，以满足学生职业能力的培养要求，同时考虑中等职业教育对理论知识学习的需要，融合美发师的职业标准对知识、技能和态度的要求。

　　每个项目的学习都以发型制作的操作项目作为载体，设计相应的教学活动，以工作任务为中心整合相关理论和实践，实现学做一体化，使学生更好地掌握扎发与盘发的操作技巧。

能力目标：

　　1. 能列举造型产品的性质和使用特点

　　2. 能说出梳理发型工具的性能与使用技巧

　　3. 能根据不同造型和发质要求，正确选择扎发及辅助工具以及饰品

　　4. 会复述束发、编发、盘发的技巧

　　5. 会饰品搭配技巧

　　6. 能进行简单的生活盘（束）发造型

知识目标：

　　1. 能掌握造型产品的性质和使用特点

　　2. 能掌握梳理发型工具的性能与使用技巧

　　3. 能掌握束发、编发、盘发的技巧及饰品搭配技巧

　　4. 能掌握盘（束）发的品种及基本技巧

　　5. 能根据不同的发型搭配饰品

项目一 扎发的基本手法

任务一 辫发手法的练习

活动一 一手辫技巧练习（如图 5.1 所示）

（1）分出一片发束，将分出的发束均匀地分成两份；

（2）将第一片发束向后编织，压在第二片发束之上；

（3）另取一片发束加在前一片发束之上使之合为一股；

（4）将第二片发束从下向上编织，压在第一片发束之上，并另取一片发束加在第二片发束之上使之合为一股；

（5）以此法编完全头。

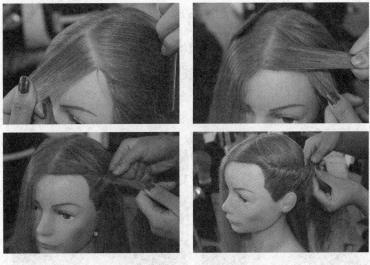

图 5.1

活动二：二手辫技巧练习（如图 5.2 所示）

（1）分出一片发束，将分出的发束均匀地分成两份；

（2）将第一片发束向左编织，压在第二片发束之上；

（3）另取一片发束加在前一片发束之上使之合为一股；

（4）将第二片发束从右向左编织，压在第一片发束之上，并另取一片发束加在第二片发束之上使之合为一股；

（5）以此法编完全头。

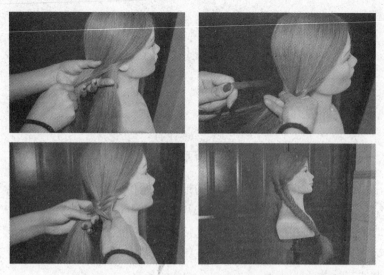

图 5.2

活动三　正反三手辫技巧练习（如图 5.3 所示）

（1）分出一片发束，将分出的发束均匀地分成三份；

（2）将第一片发束压在第二片发束之上并从第三片发束之下穿过；

（3）另取一片发束加在中间发束之上使之合为一股；

（4）换手后重复第一遍的程序；

（5）以此法编完全头。

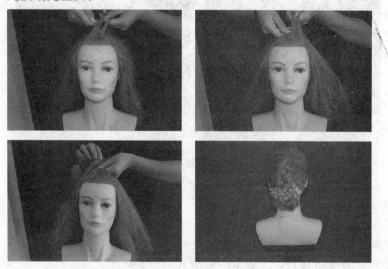

图 5.3

　　知识链接：晚妆造型的含义以及设计理念

　　晚妆造型是美发行业中最具想象力和创造性的工艺，即在女性的头上运用扎、盘、辫等美发工艺手段加工修饰。

　　晚妆发型是一门造型艺术，要根据顾客的脸形、头形、头发基础条件、年龄、职业、个性、服装、出入场所及个人要求设计出适合顾客的发型。在设计时要运用设计美学的规律如重复、排列、交替、渐变、对比、对称、不对称等。此外，纹理上还需要有弧线、色彩、层次以及线条的错落等。最后还应考虑配合假发、饰物、花草等来进行设计

知识链接：盘发工具

（1）梳类：

包发梳：用于梳理秀发表面纹理，常用于倒梳头发表面。

尖尾梳：用于梳发、分发和倒梳头发。

（2）发夹类型：

带齿鸭嘴夹：常用于固定发区较多的头发。

平面鸭嘴夹：常用于固定发区或暂时固定波纹头发或线条。

发夹：用于固定头发。

U形夹：用于固定造型较高的头发和连接底部较蓬松的头发。

（3）电发棒：用于夹卷曲头发，使头发更加自然、更具动感。

（4）直板夹：用于将头发拉直或做出自然外翘、内扣效果。

（5）发胶：

颜色发胶：用于固定头发和改变头发色彩，使发型更具层次感。

发胶：用于固定头发，保持发型持久。

啫喱膏：用于固定头发，使发丝易于梳理。

（6）橡皮筋：用于将头发固定在所需位置。

任务二 扎发和发圈手法的练习

活动一 普通发圈手法的练习

（1）分出发束；

（2）向发束根部打圈；

（3）将发圈摆于适当位置并以发夹固定。

知识链接：发夹的使用技巧

（1）头发最后固定使用发夹和U形夹。头发要固定好，夹子必须夹在头发的受力位置，发片转变的地方和手指按住的地方就是下夹的位置。用发夹固定发片时，发片的底部必须是紧的，发夹不能夹太多头发，否则会滑出来。

下发夹的形式分为：斜线上夹、交错上夹；另外要力求做到发夹不扎头皮、发夹不外露，定位牢固。

（2）U形夹主要用途：

①夹大片的头发。

②暂时固定发片。

③改变发束、发梢的方向等。

活动二　手拉发圈（抽丝）手法的练习（如图 5.4 所示）

（1）将头发编成辫子，注意不要编太紧；

（2）拉出发丝；

（3）将头发集中并以发夹固定。

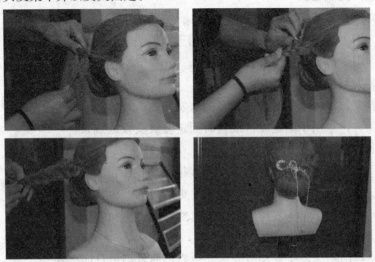

图 5.4

知识链接：晚妆造型的分类

1. 日常生活妆

日常生活妆的特点是容易梳理，简单、实用。一般采用各种盘绕、扎马尾、做花等方法。此造型必须符合简单、大方、自然与时尚流行的原则，尽量减少琐碎、繁复的设计，只在重点部分进行设计即可。

2. 晚宴妆

晚宴妆应体现现代和古典的美感，突出庄重与华贵，与晚礼服相得益彰，常用于晚间，因而发饰应配以晶莹、闪烁、溢彩流光的珠宝饰物，烘托主人的雍容高贵。如设计得体，会使人光彩照人。一定要注意梳发的技巧，使波浪流畅、圆润、精细。

3. 新娘妆

新娘妆重在体现新娘的纯洁、优雅，烘托婚礼的喜庆气氛，因而新娘服饰华丽而隆重，发型设计应与服饰融为一体，要求线条明快，突出自然亮丽、别致的人体个性，主要以波纹、环卷等手法制作，衬托淡雅的鲜花、晶莹的头饰，令新娘予人清纯、俏丽的甜美感觉。

4. 舞台妆

舞台妆的特点是发型新颖、夸张，充分体现发型师的构思。主要体现在前发区和顶区的变化，线条粗犷、造型鲜明。常进行夸张的处理，富于立体感，体现明快而美丽的造型原则。

5. 摄影妆

由于摄影造型主要是平面造型，因此摄影妆要尽量体现女性特有的气质和美丽一面，头发造型要配合服装、化妆、摄影的需要，手法以简单、自然为主，着重在前发区、刘海区造型。

任务三 打毛（倒梳）手法的练习

活动一 倒梳基本手法练习

（1）分出发片，用梳子轻轻倒梳头发表面（一般用于做卷和扭片）。

（2）分出发片，用梳子深入发片并有力度地向下梳发片（一般用于做包）。

活动二 挑倒梳的练习

挑倒梳：用于做叠包及大片的头发，使头发蓬松。方法：用左手抓住一束头发1/2处，梳子放于发根处带有弧度地往外挑散头发，每隔2厘米往外挑散头发，使头发连接不松散。

倒梳的作用：支撑发根、连接发丝、增加发量、改变头发方向，制造蓬松效果以及缩短头发长度。

倒梳时梳子的运用：梳子与头发成45度角左右，梳顺头发的表面。如90度梳发就会把头发梳开。梳子可以直线、弧线、斜线梳发。

活动三 平倒梳的练习

平倒梳：用于做小份的发片，使头发连接不松散。方法：左手抓住一束头发的1/2处，梳子以90度放至离发根2厘米处往下挤压，每隔2厘米往下挤压一次，使头发连接不松散。

知识链接：晚妆造型的修饰手法

1. 遮盖法

此法主要利用头发组合成适当发型来弥补容貌上的不足，如用刘海来遮盖发际线过高的前额，用蓬松的手法来梳理遮盖两侧过宽的额角。

2. 衬托法

此法主要是将前额和两侧头发有意梳得蓬松点，以此来衬托脸形的不足之处，如脸形过长，就可使两侧头发蓬松来衬托，使脸形显得圆润。

3. 填充法

此法一般借助头发或某些装饰来弥补头形的缺陷，如后脑部平或凹，可将后部头发梳理蓬松。

知识链接：发胶的运用

发胶分为干胶和湿胶。

干胶：水分少，干得快，比较轻盈，定型刘海、发梢特别好。各种发质头发需要的发胶都一样，不过硬的、油性的碎头发需要的发胶多些，较软的头发需要的发胶少些。

湿胶：水分多，湿度大，喷上头发表面显得头发比较亮，主要用于粘住碎发。

项目二　盘发的基本手法

盘发是一门综合性的艺术，即把头发按一定的艺术手法堆砌在头部，塑造女性的端庄、古典、艳丽、高雅、自然等不同气质，在短时间内，运用真假发结合盘发，快速塑造完美的造型效果。

任务一　卷筒

活动一　卷筒手法的练习

当把发片打散梳光滑后，把发片的发尾在左手食指上绕2～3圈，右手食指定出卷筒的大小，两手食指交替往里绕圈，在发根处以夹子固定。

活动二　直卷筒手法练习

（1）拉发片倒梳。
（2）将发片的发梢绕食指2～3圈。
（3）向前滚动做卷筒。
（4）一直绕至发片根部。
（5）以发夹固定卷筒中部。

活动三　平摆层次卷手法的练习

（1）拉发片倒梳。
（2）将发片的发梢绕食指2～3圈。
（3）向前滚动做卷筒。
（4）卷至发根附近，注意保留一定的距离。
（5）将直卷向发片根部摆放，并以夹固定。

活动四　斜摆层次卷手法的练习

（1）取发片做卷筒。
（2）卷至发干。
（3）卷筒打斜摆放。
（4）以发夹固定。
（5）喷发胶定型。

活动五　竖摆层次卷手法的练习

（1）取发片做卷筒。

（2）卷至发干。

（3）卷筒垂直摆放。

（4）以发夹固定。

（5）喷发胶定型（竖卷筒）。

知识链接：盘发的基本流程

（1）根据模特的脸形、气质、服装、将要出现的场合等进行发型设计，用一点控制技巧，用手摆出初步的发型效果。

（2）把头发洗净吹出纹理，吹出理想的刘海造型。

（3）涂抹少量造型品，以便于梳理。

（4）按照一定的手法组合，打造出理想的发型。

任务二 包发手法的练习

活动一 双包手法的练习

（1）将后区头发分为左右两部分。

（2）分片倒梳一侧头发（可左可右）。

（3）喷上定型产品并梳光发片表面。

（4）向另一侧的上方拉起头发，旋转 180 度并用发夹固定。

（5）另一侧发片以同样手法操作，以梳柄为轴心向内 180 度旋转。

（6）用梳尖配合，收起剩余发梢并用发夹固定。

活动二 单包手法的练习

（1）倒梳后区头发，收拢后平行于头基拉起头发。

（2）喷上定型产品并梳光发片表面。

（3）拉紧头发并向内 180 度旋转至头基。

（4）用梳尖配合，收起剩余发梢并用发夹固定。

活动三 扇形包手法的练习

（1）扎起马尾，分片倒梳。

（2）梳光头发表面。

（3）将发片缠绕至手指中间。

（4）向内旋转，用发夹固定。

（5）拉开发包并以发夹固定。

任务三　扭手法的练习

活动一　向内扭手法的练习

（1）分出发片并略微向后拉。

（2）用梳柄或手做轴向内扭动。

（3）上发夹时要沿着扭起的背线从后向前推。

活动二　向外扭手法的练习

（1）分出发片并略微向后拉。

（2）用梳柄或手做轴向外扭动，根据要达到的效果决定扭动的幅度。

（3）以发夹固定。

活动三　扭麻花辫手法的练习

（1）分出两股头发。

（2）同时向一侧旋转并向另一侧交叉。

（3）发梢倒梳可暂时定型。

扎发要点：

（1）其他颜色的头发比黑色的头发做出来好看；

（2）卷曲的头发比直发做出来好看；

（3）受损发比处女发好操作；

（4）平面造型、日常生活造型、舞台造型有较大的区别；

（5）相同的手法可以用在头部的不同部位去表现；

（6）不同的手法可以用在头部的相同部位去表现；

（7）多种扎发技巧可以在同一个花形上同时呈现；

（8）同一种扎发技巧可因分区的不同而呈现不同的效果；

（9）同一种扎法技巧可以有不同的变化形式；

（10）不同的扎发技巧可以在一个发型上同时呈现，也就是说，不同的扎发技巧配合不同的分区呈现出的效果更加多样化；

（11）不是每一种发质的头发都可以做出我们想要的发型效果；不是每一种发型都适合所有的顾客；

（12）有的时候，简洁也是一种美，并不是所有的发型都需要用很复杂的手法去表现；

（13）如果发量不够多，可以在发丝中加入假发来达到饱满度。

第六单元 剪发

单元描述：

    本课程是中等职业学校美发与形象设计专业的一门核心课程，是从事美发相关工作的必修课程，其功能是使学生在了解顾客的需求和毛发情况后，把握流行时尚，根据自己掌握的剪发的操作规程、操作技能及要求，给顾客完美的建议和进行娴熟的操作，具备发型师工作岗位的基本职业能力，为成为发型师打好基础。

    本课程以行业专家对美发岗位的工作任务和职业能力分析结果为依据。总体设计思路是打破以知识为主线的传统课程模式，转变为以能力为主线的课程模式。

    课程结构以基础发型整理流程为线索，讲解了剪发的操作项目，让学生通过完成具体项目来形成关于毛发生理、剪发原理、剪发技巧、剪发工具使用等的相关知识结构，并发展学生的职业能力。课程内容的选取紧紧围绕完成工作任务的需要循序渐进，以满足学生职业能力的培养要求，同时考虑中等职业教育对理论知识学习的需要，融合美发师的职业标准对知识、技能和态度的要求。

    每个项目的学习都以发型制作的操作项目作为载体，设计相应的教学活动，以工作任务为中心整合相关理论和实践，实现学做一体化，使学生更好地掌握剪发的操作技巧。

能力目标：

1. 能判断顾客头发软硬、曲直状况
2. 能掌握修剪的方法和基本程序
3. 会使用主要的修剪工具：剪刀、电推、剃刀、削刀、锯齿剪及各类梳子
4. 能修剪一般男女发式
5. 能了解剪发的基本线条和基本层次
6. 能掌握剪发的规范流程

知识目标：

1. 能了解头发生长基本流向
2. 能认识修剪工具的名称及作用
3. 能了解美发修剪的质量标准
4. 能掌握常用的修剪方法
5. 能了解剪发的规范流程

项目一　剪发基础练习

活动一　剪发基本手法的练习

1. 梳子的使用方法

拇指和食指放在梳子的中心，分发片时用大齿尖分，梳形时用细齿梳理。

2. 剪刀的使用方法

（1）基本方法：把无名指伸至第二关节，剪刀的交汇点放在食指的里倒关节上，让剪刀在掌心里，45度握住，静刃的环可以轻松放在无名指的第一关节和第二关节之间。这个取决于手指的粗细与剪刀的环的大小。

（2）剪发方法：把无名指伸至第二关节，用无名指和中指轻轻握住，食指放在交汇点，把剪刀向前45度握住，用拇指的1/2部分为上下带动剪刀。

（3）剪刀的开合：无名指和小指不弯曲，尤其不能让小指向旁或向上分开，食指和中指弯曲固定剪刀，为了便于充分打开拇指反复开合动作。

（4）剪刀和梳子的配合：每个人手指的长短粗细都不一样，但是剪刀必须直线放在中指的中央里侧。其中从中指第一关节到食指的第二关为修剪宽度。

知识链接：剪发工具

推剪工具是美发过程最重要的工具之一，用它可以去掉多余的头发，修剪出理想的发型。

（1）梳子是头发造型的工具，包括剪发梳、超薄梳、小抄梳等，我们可以根据头发造型的需要选择不同的发梳。

剪发梳（裁剪梳）：是配合剪刀使用的，它的梳齿一边宽一边窄。一般来说，宽的一边来分线，窄的一边用来梳理和提拉发片，它是剪发的理想用梳。

（2）剪刀。常用的剪刀有直剪刀、牙剪刀，修剪头发时它们起着不同的作用。

直剪刀是剪断头发最有效的工具，用它剪断的头发边缘整齐平整。

型号标志的含义：一般来说型号是由字母和数字两部分组成的。平剪的型号为A2-60，A2表示的是剪刀的手柄部分的形状。60表示的是刀身从螺丝中心到刀尖的长度是6.0英寸。平剪的长度一般有4.5、5.0、5.5、6.0、6.5、7.0等（如图6.1所示）。

牙剪刀：剪刀口一片是普通剪刀，另一片是锯齿状剪刃。作用是减少发量、制造参差层次。用牙剪刀剪出的头发有长有短，十分明显。

牙剪后面的数字表示的是齿的数量，一般是据此来确定去发量的，如24～28齿的牙剪去发量在30％，29～32齿的牙剪去发量在35％～40％，35齿以上的牙剪去发量超过40％（如图6.2所示）。

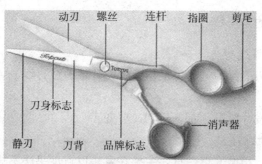

动刃　螺丝　连杆　指圈　剪尾

刀身标志

消声器

静刃　刀背　品牌标志

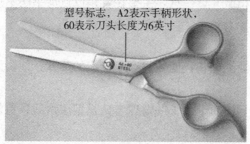

型号标志，A2表示手柄形状，
60表示刀头长度为6英寸

图 6.1

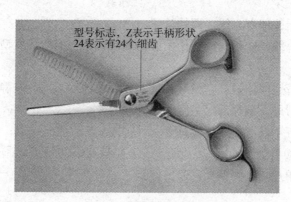

型号标志，Z表示手柄形状，
24表示有24个细齿

图 6.2

（3）削刀：用削刀修剪的头发过渡自然，看上去线条柔和。

（4）电推子：是推剪整齐发丝常用的工具。

在美发造型时，除了专业工具外，还需要一些辅助工具：

（1）围布：用于围在顾客身上和脖颈上，起到隔离皮肤的作用，达到安全、卫生的目的。

（2）喷水壶：美发操作通常是在湿发的状态下进行的，用喷壶可以随时将头发喷湿，方便操作，使头发易于梳理、修剪。

（3）后视镜：用于顾客观察后颈部发型。

（4）夹子：用来将头发暂时性固定的一种工具。夹子有很多种，可以根据使用目的及头发的长度来进行选择。

（5）颈刷：用于清洁头部碎发。

活动二　直剪刀的常用技巧练习

1. 直线剪法或者弧线剪法

以一动刃、一静刃的操刀方式，平稳地将发片裁剪成直线或者弧线。

2. 压剪法

用手指或梳子将发片紧贴颈背，将切口剪齐。

3. 点剪法（锯齿状剪法）

利用剪刀的尖端，稍微开口一点，主要在发梢以点剪手法不规则地修剪发型，创造发丝轻柔感。也可减轻发梢重量，呈现柔顺线条。

4. 滑剪法

利用剪刀由短滑剪渐渐增长，使发片产生较大的落差，使头发更加飘逸。

5. 插入滑剪法

利用剪刀插入发丝，由短渐增长的滑剪，使发型层次线条更加柔顺。

6. 推剪法

此法也叫剪刀架在梳子上。也就是利用剪刀代替电推，再配合剪发梳，剪出较为干净自然的发型。

知识链接：关于头部点、线、面的认识

认识头部的点、线、面是我们创作发型的基础，对我们剪裁发型起着决定性的指导作用。

（1）点：标志着空间位置，它没有长度、宽度或深度，因此是静态无方向性和中心化的。两个点可帮助发型师确定空间的位置。

头部共分为十五个点（如图6.3所示）：①中心点；②前顶点；③顶点；④黄金前点；⑤黄金点；⑥黄金后点；⑦后脑点；⑧枕骨点；⑨颈点；⑩颈侧点；⑪耳后点；⑫耳点；⑬侧角点；⑭侧部点；⑮前侧点。

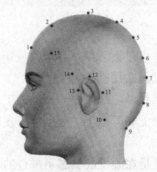

图6.3

（2）线：由点的移动而形成。分为直线和曲线。

在修剪中是为了控制头部各区域划分（如图6.4所示）：

①正中线

位置：以鼻尖为中心，从中心点连接头顶点至颈点。

作用：控制左右区域发量均匀。

②侧中线

位置：由顶部点至两侧耳点。

作用：控制前后发量的分配。

特征：可前后移动，向前移发量变少，向后移发量变多。

③黄金线

位置：由黄金点至耳后点。

作用：均匀分出前后两个区域。

④水平线

位置：由后脑点至耳点。

作用：控制后面上下区域的发量分配。

⑤U 形线

位置：由黄金点至两前侧点之弧线。

作用：控制 U 形区发量的分配。顶部、侧部和后部的发量扩大或缩小，修饰头部尖的，扩大头部平的。

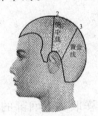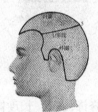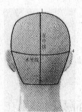

图 6.4

（3）面：表示形状，有长度和宽度（二维），拉起一片头发就形成一个面。

所谓头部的四个面，是指头部生长头发的四个面。表面看来，分别以左耳、右耳、后枕骨、上头盖骨来区分，分别形成四个面（如图 6.5 所示）。

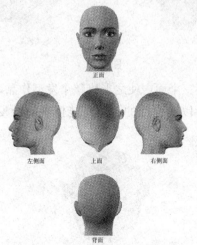

图 6.5

①后枕骨面内圈（横线上部分）的头发主要是用来修正头骨形状。一个发型是否有

立体感，这里的头发占主要因素。由于东方人后脑普遍较平，所以这个区域的头发多以此来增加厚度，纵向地拉长头形，使之更具有欧化的立体感（如图6.6所示）。

背面

图6.6

②后枕骨面的外圈（横线下部分）则主要是用来连接前后与确定发型的整体长度。在这里要记住，发型的长度取决于后枕骨面发际线的头发，与内圈或其他区域的头发并无太大关系。所以，如果顾客需要留长发，也就是只要求发际线的头发长度，我们仅仅需要与此衔接好便可（如图6.7所示）。

背面

图6.7

③左右耳的两面主要作用在于修饰面部，长度同样取决于面部的需要（如图6.8所示）。

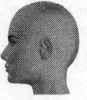
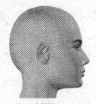

左侧面　　　　　　　　　　　右侧面

图6.8

④头顶面用来连接另外三个面，使之形成整个发型作品，另外还承载着发型高度的重任以及刘海的设计，所以头顶部的头发更能体现一个发型设计的实用性（如图6.9所示）。

上面

图6.9

刘海区域的划分标准是从顶点到两眼角区域的头发。但这仅仅是一个参照，具体还要根据实际设计的需要来做改变。

（4）转角线：四个面的相交线就称为转角线。在头部上，准确的转角线是在面与面的相交线上，然后45度倾向头皮方向，这样形成的一条线，就是非常标准的转角线（如图6.10所示）。

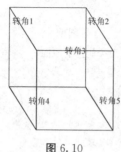

图 6.10

四个面、五个转角，对发型有着非常巨大的指导作用，它会帮助你分区、修正头形以及区别裁剪的形状等。

知识链接：科学的修剪步骤

（1）分区：将头发分成几个或若干个可以控制的区域，便于对头发的控制。在不同的区域修剪不同的结构、不同区域相同结构的不同长度。

分区的作用：分区指把头部分成可控制的工作区域。

通常分区和再分区都是由设计线、提升角度和分配决定的。

如果发型采用了混合型，分区则要根据各型之间的比例进行。

分区不仅要满足设计意图，同时还要考虑到顾客的头形和头发生长方向。

（2）头位：指修剪时顾客头部状态，以便于操作（如图6.11所示）。

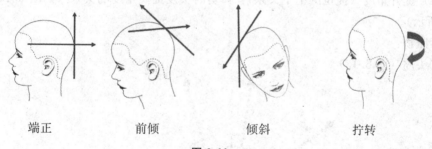

端正　　　　　前倾　　　　　倾斜　　　　　拧转

图 6.11

头位的作用：

头部位置直接影响头发的下垂，进而影响到纹理结构和发线方向。通常在某一区域进行操作时，头部应该保持不动。

在修剪形线特别是固体形的形线时，或者要获取一种内斜的效果时，用前倾头位。

垂直头位剪发可获取最自然的效果。

为了修剪头侧周围轮廓的方便，可以把头转向这边或那边。

（3）分份：在已有的分区基础上继续划分每一片头发（如图6.12所示）。

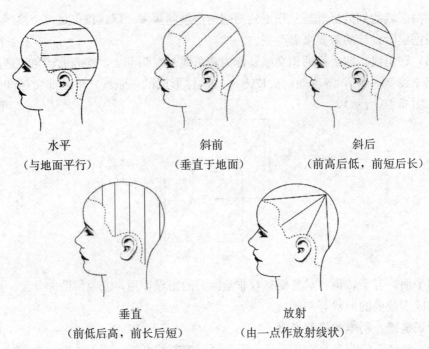

水平　　　　　　　　斜前　　　　　　　　斜后
（与地面平行）　　　（垂直于地面）　　　（前高后低，前短后长）

垂直　　　　　　　　放射
（前低后高，前长后短）　（由一点作放射线状）

图 6.12

分份的作用：

分份指设计中把分区内头发进行再划分。

分份与设计线是平行的。

为了最大限度的精确，将头发沿分份的方向梳理。

分份分为水平分份、斜前分份、斜后分份、垂直分份、放射分份。

（4）提升角度（提拉的上下关系）：修剪时头发提拉角度的关系（如图 6.13 和图
6.14 所示）。

参照物：

①头皮（图 6.13）。

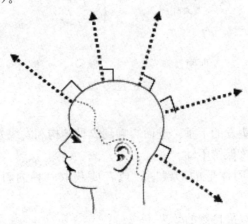

图 6.13

②地面（图 6.14）。

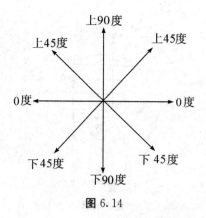

图 6.14

提升角度的含义：

提升指在修剪时拉起的头发相对于头部曲线或者地面的角度。

0 度角定义是与头表面或者地面平行，那么 45 度、90 度就可以立即确定下来，无论头是朝哪个方向。

我们常用的提升角度有：

①零度提升

用梳子固定没有提升角度的发片。

②一根手指

发片与皮肤之间用一根手指相隔出的微小角度。

③45 度

0 度至 90 度的中间。

④90 度

拉出的发片跟头皮垂直。

⑤90 度以上

把头发拉出来的角度多于 90 度。

(5) 分配（提拉左右的关系）：指修剪时头发梳理的方向（如图 6.15、图 6.16、图 6.17 所示）。

①自然分配：

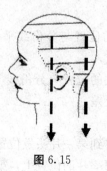

图 6.15

②垂直分配：

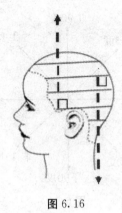

图 6.16

③偏移分配：

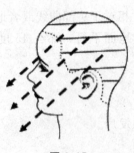

图 6.17

三种分配的含义：

①自然分配：自然分配法是头发从头部下垂的方向，会受到吸引力和头发自然生长趋势的影响。特别是对骨梁区以上的头发。

②垂直分配：要求把头发梳成与分份成 90 度直角的方向。

③偏移分配：偏移分配是指梳向自然下垂相反或与基本分份线垂直以外的任意方向。

（6）手位：修剪时夹发片的手指摆放位置（与分份线有关系）。

①平行：夹发片的手指与分份线平行。

②不平行：夹发片的手指与分份线不平行。

手位不同所产生的不同效果：

①手位平行：手指控制头发的位置与分份线平行。用这种方式剪出的线条很整齐、准确。

②手位不平行：手指控制头发的位置与分份线不平行。可用来增加头发的长度、控制重量和融合长短头发之间的反差。

（7）引导线（设计线）：

①固定设计线：所有头发都拉到第一片头发位置上或以第一片为长度引导。

②活动设计线：第二片拉到第一片的位置上，第三片拉到第二片的位置上，以此类推。

知识链接：标榜四个基本型的认识

（1）固体形：头发长度延续，由外圈到内圈慢慢增加。所有头发都落在同一水平位置，形成不间断的、静止的表面纹理。在发型的底部，由于发重落在周界上形成一个直角轮廓线（如图6.18所示）。

图6.18

（2）边沿层次：头发长度连续，从内圈到外圈长度递减。头发末梢相互堆叠在一起，形成一种外圈活动纹理、内圈静止纹理的混合效果。边沿层次发重在周界上形状是三角形（如图6.19所示）。

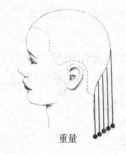

图6.19

（3）渐增层次：头发的长度从内圈到外圈连续递增。形成没有视觉发重的活动纹理。渐增层次的形状是伸长的（如图6.20所示）。

图6.20

（4）均等层次：头发长度是一样的，没有明显的发重。头发沿头部曲线散开，形成活动纹理。均等层次的圆形发型是与头部曲线平行的（如图6.21所示）。

形状　　　结构

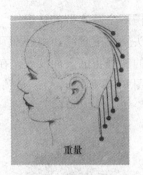
重量

图 6.21

项目二　标榜和沙宣剪发技术

任务一　标榜四个基本型的修剪

活动一　固体形的修剪

1. 固体形修剪（水平分份）（如图 6.22 所示）

修剪步骤：

（1）分区：划出侧中线分出前后两个区，划出正中线分出左右两个区。

（2）头位：后区前倾头位，侧区侧头位。

（3）分份：水平分份。

（4）分配：自然分配。

（5）角度：自然下垂。

（6）手位：与分份线平行。

（7）设计线：固定设计线。

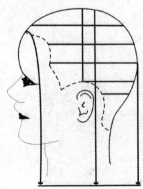
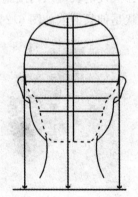

图 6.22

①前侧点向后梳，用手固定，保留长度。

②设计线从中间向两边剪。

③发片厚薄：第一片厚，第二片薄，第三片适中。梳理：骨梁区以上，注意头发自然流向。

④站位：随头形移动。

⑤手掌：向下。

知识链接：四大基本型与发片提升角度的关系

(1) 自然下垂：指头发受地球引力影响所处的状态。当头发自然下垂时，既不要把它拉离头皮也不要让它紧贴头皮，特别是在后头部分。

0 度角提升：头发贴在头皮表面上。用 0 度角加头位前倾剪发会得到内斜的固体形。

(2) 从 0 度角（自然下垂状态）到 90 度之间的角度可用于修剪边沿层次。

提升的角度越大，边沿层次的活动纹理就越多，轮廓线的倾斜度也越大。

(3) 头发与头部曲线提升成 90 度角去剪就会得到均等层次。这也可称为正常提升。

(4) 大于 90 度角提拉修剪可以得到渐增层次。渐增的程度和头发保留的长度取决于选择固定设计线的角度。

2. 固体形（斜前分份）（如图 6.23 所示）

修剪步骤：

(1) 分区：划出正中线分出左右两个区。

(2) 头位：后区前倾头位，侧区侧头位。

(3) 分份：斜前分份。

(4) 分配：自然分配。

(5) 角度：自然下垂。

(6) 手位：与分份线平行。

(7) 设计线：固定设计线。

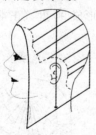 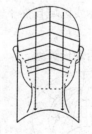

图 6.23

①耳后头发保持自然下垂，否则会暴露发际线形状，形成缺口。

②分份线之间一定要保持平行。

③从正中线开始左右分开向两边修剪。

④站位：随头形移动。

知识链接：在剪发前应该将头发彻底地用洗头水和护发素洗干净，在湿发上进行剪发

原理如下：

（1）在湿发状态时，你对头发会有更好的控制，因为头发不会从你的手指和剪刀间滑走。

（2）你能够更好地看到头形的形状。当你剪发时，形状会更清晰地显现出来。

（3）你起初在干发上所看到的发卷，也许是天然的，也许是人为用卷发器做成的。

（4）平顺的吹风也许掩盖了天然卷或波浪发的凸起形状。将头发冲湿能让你看到头发自然的动感，使你可以用适当的方法去处理。

（5）非常简单的一点，但也是非常重要的一点：处理干净的头发会更加卫生！

在湿发上，你能够观察到发际线的自然生长方向，尤其是脖颈部分。举个例子来说，如果脖颈处的头发向上长或是向外翘的话，那么在脖颈处剪很轻很平的发型就不适合。永远都不要逆着头发的自然长势做发型。任何特征的发际线都会显示出不同程度的难度，而这将是你在发型设计中的主要因素，也会成为正确形式的工作基础。

活动二　均等层次的修剪

均等层次（垂直分份）（如图 6.24 所示）

修剪步骤：

（1）分区：先沿发际线形状分出薄的区域定出设计线，再划出正中线分出左右两个区。

（2）头位：后发区水平线以下前倾头位，其余区域端正头位。

（3）分份：前发区垂直分份，后发区放射分份。

（4）分配：发际线区域自然分配，其余区域垂直分配。

（5）角度：发际线区域自然下垂，其余区域与头形成 90 度（正常提升）。

（6）手位：平行手位。

（7）设计线：活动设计线。

图 6.24

①定出发际线长度后，把头发垂直分配到与头形成 90 度的角度修剪设计线（二次修剪）。

②分发片一定要薄。

③只修剪 1~2 个手指关节处的头发。

④ 用水平分份检查连接头顶左右两边的头发。

⑤可滑剪柔和发际线。

⑥用小拇指顶住头皮保证手位的稳定性。

⑦站位：从头形后部开始，站位随头形移动。

活动三　渐增层次的修剪

渐增层次（垂直分份平行修剪）（如图 6.25 所示）

修剪步骤：

（1）分区：划出正中线，分出左右两个区。

（2）头位：端正。

（3）分份：侧中线以前用垂直分份，侧中线以后用放射分份。

（4）分配：垂直分配。

（5）角度：水平 90 度。

（6）手位：平行手位。

（7）设计线：固定设计线。

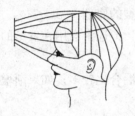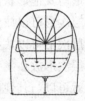

图 6.25

①肩膀要端平。

②第一个发片保持与地面水平角度。

③剪到正中线位置，保证发片保持水平角度。

④分份线始终保持垂直。

⑤站位：以正中线为界，剪左边站在正中线左边，右脚在前；剪右边站在正中线右边，左脚在前 。

活动四　边沿层次的修剪

边沿层次（斜前分份＋水平分份）（如图 6.26 所示）

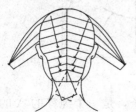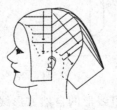

图 6.26

修剪步骤：

（1）分区：划出侧界线（三七分）向正中线分出左右两个区，划出侧中线分出前后两个区。

（2）头位：后区前倾头位，侧区端正头位。

（3）分份：后区斜前分份，两侧水平分份。

（4）分配：垂直分配。

（5）角度：与头形成 45 度。

（6）手位：与分份线平行。

（7）设计线：枕骨以上固定设计线；枕骨以下活动设计线。

①分份线之间必须保持平行。

②左右两侧，第一份头发保持自然下垂的角度。

③每份发片从正中线开始向左右修剪。

④保留侧分刘海长度。

⑤站位：随头形移动。

知识链接：四大基本型混合结构的修剪

（1）固体形与其他形状混合时，固体形放在发型的底部。

（2）边沿层次形可以放到头形的任何区域修剪，但通常会用在发型的外圈。

（3）渐增层次形可以放在所有位置。

如果渐增层次形放在发型外圈，与均等层次形混合比较多；如果渐增层次形放在发型的内圈，就可以与其他所有结构搭配。

（4）当均等层次形放在发型外圈或者底部的时候，一般与边沿层次形或渐增层次形搭配；如果均等层次形放在发型的内圈，就可以与其他所有层次搭配。

任务二 沙宣剪发基础

活动一 修剪自然方形线条——A 技术练习（如图 6.27 所示）

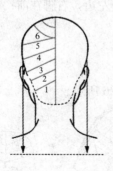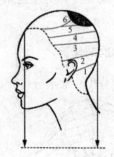

图 6.27

发型分解：本款发型是直线形的自然方形线条，是一个纯粹的 A 的技术，没有任何其他技术创造的最基本的发型。这是我们发型师从事美发行业最基本的技术之一，同时也是最难的发型修剪方式之一。

技术作用：训练发型师如何寻找头发的自然垂落以及正确拿梳子和了解头形的基本特征，通过训练让我们了解头发生长的流向，为日后的发型设计打下良好的基础，同时这个技术做得好与坏，将会影响发型的外线创立。

修剪方式：从后颈部开始，将所有的头发梳向自然垂落，沿着所需要的长度修剪，不可以给拉力，外线的形态由你所需要的长度决定。常见的有：长发自然方形线条（直线）、短发自然方形线条（箱形 BOB）。

知识链接：沙宣理论的来源以及方形、圆形、三角形概述

沙宣是享誉国际的发型设计大师。沙宣既是潮流革新者、艺术家、教育家、企业家，也是备受赞赏的作者、节目主持人和慈善家。沙宣创造的发型，根据每个人不同的轮廓与几何形状的搭配关系设计。他的理念成功地为全世界发型设计业以及日常生活带来了革命性的变化。沙宣是犹太人，14 岁学美发，他创造了很多美发业的历史。

沙宣的理念来源于鲍豪斯建筑学校。鲍豪斯的理念是以点、线、面为组合的立体结构，最重要的是体现了功能性和美观性，既简单又实用还科学，是艺术和技术的统一。与此相关的伟大建筑还有哥特式建筑、古罗马建筑等，都是以奢华和宏伟而著称的伟大建筑。建筑这一学科是要用到几何学的，几何建筑学是三维立体空间的集中体现，沙宣把它科学地用在了发型设计上。

以几何概念来设计发型，可以使我们更加清晰地理解形状的概念。立体几何概念发型主要是由立体的方形、圆形、三角形组成。立体几何发型主要由发型的上下、左右和外线构成，在几何学里指的是长、宽、高。

发型中的方形、圆形、三角形是指在剪裁时，头发在空中所形成的点、线、面。那么什么是空中的点、线、面呢？每一根头发的发梢是点，无数个点形成的是线，无数根线条形成的是面。头是一个立体。简而言之，在剪裁中如果形成一个平面或平行线，我们称之为方形的概念；如果形成前长后短的外形线，我们可以叫它为三角形的概念；如果形成前短后长的外形线，我们可以叫它为圆形的概念。后面的内容里，我们将做详细分解。

头是一个立体的圆形，但并非规则的圆形，从全角度去看它，它是 5 个面（美发中有 4 个面）、8 条转角线（而在美发中常用 5 条转角线），而转角线是面和面的夹角。

活动二 向前硬线技术——ABC 技术练习（如图 6.28 所示）

发型分解：这一款发型是我们最常用的技术之一，是 ABC 的一个集合体，混合了多种经典的技术。向前的技术我们从专业的角度上分析，它是圆形的技术概念，从表面上看起来很好修剪，但是很多发型师在做这个技术的时候总是修剪不对称，一边可以包进去，另一边很难包进去。所以我们发型师一定要加强这方面的训练。

技术作用：这个技术主要运用于脸形的两侧部分，使脸形得到修饰，但是动感是向后的，根据我们所需要的形态可以改变切口的形态，这个技术同样可以修饰和修剪发型的边缘部分。

修剪方式：将所有的头发向前下方约 45 度的位置提拉，沿着所设计的发型外观形态修剪，长度和圆形的形态取决于我们的最终设计效果。当然我们可以通过提高角

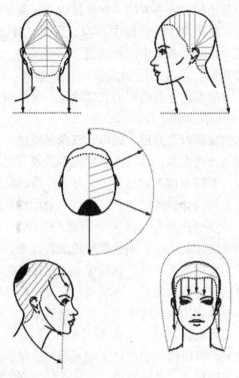

图 6.28

度来创造不同的层次落差，所以我们在实践中可以采用：①向前45度；②向前水平提拉；③向前135度三个方式。当然这只是一个简单的参考，具体的还应该根据我们的设计需求来定。

知识链接：沙宣理论中的方形、圆形、三角形概念

总的来讲，沙宣中的方形、圆形、三角形主要涉及头发的整体形状而不关头发的层次。

1. 方形（Square）

方形是指某个面（请参照4个面、5个转角）的头发被拉到相应面的位置，而空中的切口成为方形。

这里要注意的是，你不需要关心发片的提升角度，而只关心偏移角度，也就是说，无论你是以0度修剪，还是90度修剪，对形状的定义起不到任何影响，只能影响这个形状的重量。我们只需要知道横向的切口是否在一个平面上，如果是，那即是方形。

标准的操作方式是在一个面的中间，垂直分区取一份发片做引导，然后向两侧修剪，采用二带一的方式。由于头骨是圆形的，当你把一份发片带到上一份发片的位置修剪时，所延长的长度与头部曲线刚好相等，所以将一个面的头发全部以此方法修剪完成时，所有头发的切口就会在一个平面上。需要注意的是转角，你可以将转角处的头发全部拉到垂直于该面的位置修剪，可保留转角处头发的长度，不至于形成圆角。

如果采用水平分区则更直观一点，只保证你拉出头发的切口是在一个平面上即可。但水平分区难度大于垂直分区，因为头发最后会自然下垂。如果水平修剪时上下的长度控制不好，更容易产生硬线，所以建议只在需要堆积重量时才使用水平分区。

　　并不是在任何地方垂直拉出发片都可以修剪为方形，时刻注意是以该区域的这个面为参照，否则你会容易与三角形混淆。例如：将侧面的头发拉到后面做方形是毫无意义的。

　　2. 圆形（Round）

　　圆形适合没有明显缺陷的头形，采用圆形的技术修剪出来的效果比较圆润，相较于其他两个形状能够最大限度地体现头形本身的优点。

　　圆形是指跟随着头部曲线来做的修剪，也就是切口与头形的弧线划着相近的弧度。绝大多数情况下，做圆形只需要考虑斜线或弧线分区，这样更适合修剪圆形。在修剪时，尽量将一个发片分成多次去修剪，因为每剪一刀，左手手位需要进行更改，以此来做到走圆的效果。对比较乱的头发有显著的效果。

　　3. 三角形（Triangular）

　　制造流向，修整脸形，保留长度，都容易让人想到三角形，三角形也适合制造一些特别的效果。三角形是指一个面（请参照 4 个面、5 个转角）的头发由短逐渐走长。你可以采用固定设计线或者偏移的手法来达到这样的效果。

　　知识链接：沙宣中的技术理论知识——ABC

　　所有发型都存在重量（也就是发型的层次），也就是说发型其实是由重量构成的，我们需要像一个雕刻家一样运用祛除或者建立重量来创作自己的作品。在沙宣里，以90 度为界，90 度或 90 度以上统称为祛除重量，89 度至 1 度为建立重量，0 度为线条。那么方形、圆形、三角形都可以用来建立或者祛除重量以及做出线条，也就是我们所说的 ABC 技术。

　　（1）One Length（齐长），也就是 A 技术。

　　（2）Graduation（堆积重量），也就是 B 技术。

　　（3）Layer（去掉重量），也就是 C 技术。

　　知识链接：沙宣中形状与技术的组合

　　沙宣中形状与技术的组合就组成了我们发型中的基本外形轮廓，下面我们就来进行一个分析：

　　1. One length（齐长）的方形

　　沙宣的定义是：所有的头发沿着自然垂落的方向达到外线的形状，意思是所有的头发自然垂落，然后外线形成一条水平线，落下的切口也是一个水平面（如图 6.29 所示）。

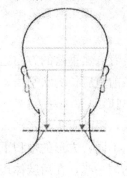

图 6.29

2. Graduation（堆积重量）的方形

沙宣的定义是：逐渐堆积重量，内部有角。

头是圆形的，而我们堆积的是一个方形，所以越到上面，角度就会越小，所以称为逐渐堆积。因为方形的特点在于中间短，然后两侧慢慢走长，而堆积的特点是下面短，然后上面慢慢走长，所以最长的头发会在该面的左上点与右上点。这两处最长的头发落下来会形成两个角，而这个角又不会达到外线，所以称为内部有角。

堆积的方形非常适合东方人，如果你将重量堆积在枕骨处，你会发现方形可以同时达到几种你想要的效果，例如：弥补枕骨的扁平，下侧自动收紧，使头骨立体感进一步加强，并且能够保留两侧长度（如图 6.30 所示）。

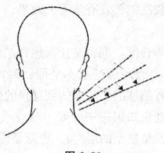

图 6.30

3. Layer（去掉重量）的方形

沙宣的定义：头的四个面都去掉重量（头顶、两侧、后面）。

去掉重量的方形非常像我们熟悉的男式平头。值得注意的是，当头发很长的时候，这样做可以得到比较好的跳跃感（如图 6.31 所示）。

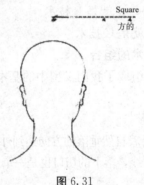

图 6.31

4. One length（齐长）的圆形

沙宣的定义是：所有的头发沿着自然垂落的方向达到外线的形状，意思是所有的头发自然垂落，然后外线形成一条前短后长的水平线。

5. Graduation（堆积重量）的圆形

沙宣的定义是：逐渐堆积重量，跟随着头形走。

堆积的圆形与堆积的方形有所不同，方形的堆积下面收紧，然后上面突然增加厚度。而圆形的堆积则相对来说更均匀一些，在后脑体现得特别明显，它会呈一个球形的外线堆积在脑后，给人以柔和、圆润感（如图 6.32 所示）。

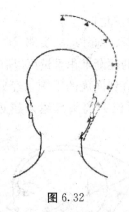

图 6.32

6. Layer（去掉重量）的圆形

沙宣的定义：每个分区保持相同的长度与比例，不随意增加或减少内部的重量。去掉重量的圆形实际上和标榜里面的均等层次一模一样，由于是拉到 90 度裁剪，并且跟随着头形走，所以每根头发的长度都是一样的，最终的效果将和模特本身的头形类似。值得一提的是，去掉重量的圆形会让头发成为弧状，并且内扣。这个效果的体现在面颊两侧运用得最多，很多日韩的发型用两侧的头发包裹着面庞，就是采用了此技术（如图 6.33 所示）。

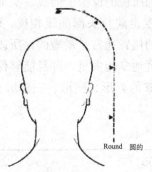

Round 圆的

图 6.33

7. One length（齐长）的三角形

沙宣的定义是：所有的头发沿着自然垂落的方向达到外线的形状。

外线成一条斜线，由后头部向两边走斜线，形成一个三角形状（单纯地指外线）（如图 6.34 所示）。

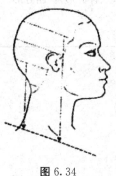

图 6.34

8. Graduation（堆积重量）的三角形

沙宣的定义是：逐渐堆积重量，向外远离头部。

这里的逐渐堆积重量与方形的逐渐堆积重量可以有不一样的理解。这里的意思是从有角度慢慢变换成没有角度一直到面庞的下颚（经典的三角形堆积）。由于角度放低，头发长度越来越长，你的手位会离头部越来越远，称为向外远离头部（如图6.35所示）。

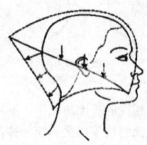

图 6.35

9. Layer（去掉重量）的三角形

沙宣的定义是：与自然头形走相反的曲线，中间短，两边长。

三角形的去掉重量就是我们所说的反头形曲线。头部曲线是一个弧形，我们修剪的曲线是一个反弧形，它的长度走向与头部曲线相反，落下来的状态也是由短走向长，形成一条斜线，头部最高的位置通常是最短的，所以头顶是最短的，两侧则逐渐走长。这样的效果可以最大限度地拿走发量，并且能够保留两侧长度。

简单来说，我们可以把沙宣的方形、圆形、三角形和 ABC 技术用表 6.1 来做个小结：

表 6.1

线条（A）	方形 圆形 三角形	水平形状
堆积重量（B）	方形 圆形 三角形	
祛除重量（C）	方形（三种方形）：四方形、向上方形、向后方形 圆形 三角形	

活动三　修剪经典方形层次——AC 技术练习（如图 6.36 所示）

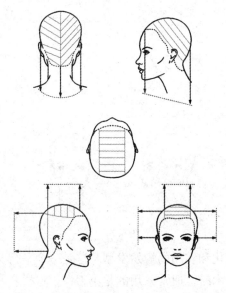

图 6.36

发型分解：这是一款非常自然的中长发型，沙龙中非常实用且多见，主要采用了线条和层次的结合体，使发型具有质感和动感，同时也有一定的堆积感。这是几何方式最为重要的一个方形，四个面都是方形去除重量，做出内部的角感来。

技术作用：A 可以是发型的外线创建的完美与流畅，C 可以拉长我们的视觉效果，同时在头部的最高点之上会有明显的堆积感觉，而在头部最高点之下会有明显的收紧现象，修饰了头部四周发际线。

修剪方式：首先将顾客的头发梳向自然垂落，沿着所需的几何外形裁剪完成，然后用 5 条转角线将头部分出四个面，这四个面我们分别采用四个方形去除重量完成，不可以触及底线部分。

知识链接：剪发动力学

1. 拉力

施予头发上的拉力（任何力度）总是存在的。

拉力决定了线条个性特点的主要因素，拉力决定了外线是否干净。拉力应该是越小越均匀为效果最佳。应该用大齿梳头发，小齿梳带头发。头发的压力不同，干湿不同，弹力不同，效果也就不同了。头发发质不同，弹力的大小没有标准。但拉力总是存在的。拉力的大小，没有标准也没有办法衡量，只有自己去感受。

2. 方向

把头发拉离自然垂落方向，用来创造动感。

一根头发有四个方向，简单来讲就是左右前后问题。2—1、3—2、4—3 是方形面，2—1、3—1、4—1 是三角形的面。动力学是短推长之说，将头发拉离其自然垂落的方向，从而控制发型在水平平面的几何形状。

活动四　自然圆形层次——CB 技术练习（如图 6.37 所示）

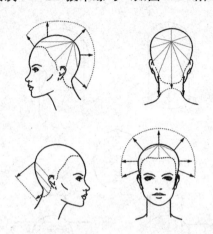

图 6.37

　　发型分解：非常商业化和实用的短发发型。这是一个平行头部曲线线条的一种剪发方式。我们在做这个技术时，通常采用的是小刀口，这样容易剪圆，边沿部分会随着头形的外形特点而形成凹凸感。这是必然的结果，不必刻意去做。

　　技术作用：这个技术元素可以使我们的头形整体蓬松，可以使后头扁平的地方建立宽度，整体看起来比较丰满。它是拉长和扩宽之间的一个形状，所以我们可以随意运用。

　　修剪方式：由中线和侧中线将头部分成四个分区，从交汇点寻求设计线，自定长度，一次定点放射分区，完成圆形等长层次的修剪方式，在后颈部分采用三角形堆积重量完成整个形态。

活动五　三角形堆积修剪技术（如图 6.38 所示）

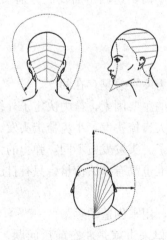

图 6.38

　　发型分解：这是一款经典的 BOB 发型，是一个前长后短的外形，主要运用了三角形的外形。在做堆积重量的时候，我们经常会见到两种外形，一种是外部堆积，形

116

成强烈的重量线；另外一种是内部堆积，没有重量线，形成自然柔和的内部层次结合体。该发型是一个自然的内部堆积外形。

技术作用：三角形堆积重量一般情况下常用于短发，它的长度可以使脸形变窄，可以使后颈部收紧，量感整体在底部和中部的位置，填补了头形的凹陷部分。

修剪方式：由中线将头部分成左右两个区，然后让顾客低头，双手双脚不交叉，从后颈部发窝处分出一个宽1厘米的小三角形，定出所设计的长度，开始分出向前的分线，以底线为基础，枕骨之下采用大约低于45度角，枕骨之上采用大于低于45度角，分线会越来越平，角度会渐变至自然垂落。

活动六　自然动感堆积——BC技术练习（如图6.39所示）

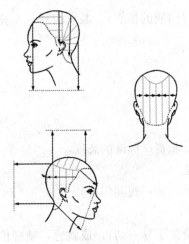

图 6.39

发型分解：这是一款非常实用的自然BOB发型。它集合了BC之技术，创造自然流畅的方形形态，保留了顶部绝大部分的长度，使发型看起来更加自然，具有动感与活力。它可以用在顶部没有足够长而且还要剪BOB的头发上，可以创造流畅的自然外形。

技术作用：保留了顶部的长度，创造后部自然的动感堆积外形，使发型的外线部分显得干净利落，有效地使顾客的颈部拉宽并且变得立体起来，整体的层次感非常好。

修剪方式：首先我们观察顾客的头发长度，在进行分区剪发时，保证双手双脚不交叉，完成B的技术，分出顶部的U形区，余下的部分是一个分区。顶部我们可以随意修剪并且运用C技术开始修剪，下面的头发则可以自然连接。

剪发步骤：

（1）如图6.39分区。

（2）从后颈的部分找到设计线，采用垂直分区，完成堆积的方形面。

（3）以设计线为基础采用相同的技术，完成修剪。

（4）另外一侧依然提拉到大约45度角，采用方形堆积重量完成。

（5）以设计线为基础采用相同的技术，完成修剪。

（6）头顶的部分分出水平分区，所有的头发都带向后部固定修剪完成。

（7）以相同的技巧完成顶部的头发修剪。

知识链接：发型师的综合能力

1. 发型设计师的专业技术

（1）内结构：智力和情感正常。

（2）外结构：自然外结构（力学、层次）、造型空间，变化规律，练、悟、用。

2. 发型设计师的专业形象

（1）外在形象：发型、着装风格。

（2）内在形象：个人素质、言行举止、美学相关知识等。

3. 专业的沟通

了解顾客真正美的需求（沟通的核心），诚意沟通、专业沟通技巧。

4. 专业的销售技巧

（1）销售自己；

（2）销售服务技术（作品）；

（3）销售产品。

5. 发型师的服务态度

（1）发型师角色的认识；职责；标准的态度。

（2）自我调整态度的方法：

心理调整：心理自我暗示（如一视同仁等）。

生理调整：深呼吸。

调整态度带来的好处（价值引导一切）：成就感，精神价值；金钱回报。

知识链接：发型设计的咨询、诊断分析

（1）发质：粗、中、细（幼）；健康，受损，极度受损。

（2）头形。

（3）脸形。

（4）职业（询问方式：请问在设计发型时是否需要考虑您的职业）。

（5）服装。

（6）身材。

（7）性格。

（8）年龄（询问方式：请问您要什么年龄的发型）。

（9）季节。

（10）流行。

知识链接：定型产品

当一款发型做完后，我们还要选择固发类用品来对头发进行固定，以使发型更加完美。

营养固发类用品：

（1）发胶：属于气溶胶，它可以把做好的发型迅速固定。使用时将发胶摇晃均匀，对准发型直接喷射，然后用吹风机吹干定型。

（2）摩丝：泡沫类的固发类用品，使用时将摩丝摇晃均匀，挤在手中，涂抹在头发上，使头发潮湿有光泽。

（3）啫喱水：可以用于日常的头发定型处理，使用时可以将啫喱水直接喷在手中，然后用手抓摸在头发上，使头发呈现亮丽的效果。

（4）发蜡。

（5）发油。

知识链接：美发情景英语

Part 1

dandruff 头皮屑	hair-done 做头发
shampoo 洗发剂	flat 平的，扁平的
conditioner 护发素	hairdo（女子的）发式，发型
tissue 绵纸，纸巾	perm 烫发
split ends（发梢）分叉	dye 染色，染料
shedding 脱发	highlight 挑染的头发
dry and dull 干燥无光	stylist 设计或制作新款式或花样的人
easily breaking hair 易断裂发质	customer，client 顾客，常客
scalping 头皮	haircut 剪发
pigtail 马尾辫	influence 影响
braid 发辫，辫子	straighten 拉直
bob（女士）短发	curling iron 卷发棒
bun（女子的）圆形发髻	hot hair brush 热理发刷
set 头发的定型	flat iron 直发棒
sweptback 向后倾斜的	scissors 剪刀
spray 喷雾	clipper（复数）剪刀，理发剪
hair-dryer 干燥机，吹风机	band 带，箍
wrap 包，裹，卷	clamp 夹子
twist 扭，搓，绕	appointment 约会，约定
elastic 有弹性的	trim 修剪，整修
coil 线圈	sideburns 连鬓胡子，鬓角
secure 紧握，关牢	part 断裂
tuck 塞进	moustache 胡子
knot 结	inch 英寸
perfect 完美的	thin 薄
all back 背头	hairdresser 发型师
pony tail 马尾	barber（兼刮胡子的）理发师
side parting 分头	shave（用剃刀）刮（胡须等），修面
crew 平头	ethics 道德规范
shoulder-length 齐肩	profession 职业

美发基础

stamina 体力，耐力
trend 趋势，流行
hair pin 发夹
hair－clippers 推子
hair band 发带，发圈
hair clamp 发夹，发爪
ponytail holder 发圈
fringe（英），bangs（美）刘海
frizzy 卷曲的
crown 头顶，帽顶
oval 椭圆形
maintain 保持，持续
texture 手感，质感，质地
disguise 掩盖，掩饰
slightly 轻微的，稍稍
sophisticated 复杂巧妙的
frame 骨架，构架
asymmetric 不对称的，不匀称的
pointy 尖的
hair salon 美发沙龙
hot oil 焗油
mousse 摩丝
styling gel 发胶
perming formula 冷烫水
rollers 卷发器
flat－top 平顶头
undercut 大盖头
cropped hair 短发
layered hair 分层短发
permed hair 烫发
bunches 束发

cornrows 玉米垄
color 颜色
rosy 绯红
coffee（color）咖啡
brown 棕色
violet 紫罗兰色
rose color 玫瑰红色
light brown 浅棕色
golden 金黄色
side 两边
top 顶部
at the back of one's neck 后颈部
forehead 额前
temples 两鬓
outline 轮廓
gradation 层次
thick or thin 厚薄
thin...out 削薄
be withered 干枯
effect 效果
tend and protect 护理
design 设计
wedding 婚礼
electric razor 电推子
bride－make－up 新娘妆
razor 剃刀
line 线条
arc 圆弧形
gray hairs 白头发
comb 梳子
brush 刷子

Part 2
(1) 早上好，先生。这里是美发厅，有什么我能帮您做的吗？
Good morning, Sir. This is the beauty parlor. What can I do for you?
(2) 您需要哪些美发服务？
What kind of service would you like?
(3) 我要洗头、剪发、染发、吹风。

I'd like a shampoo, a haircut, a hair-dye and a hair-dry.

（4）对不起，先生。现在美发厅很忙，请您休息一会，好吗？

Sorry, Sir. Our parlor is very busy now. Would you please wait a moment?

（5）您在这里休息一会，看看报纸、杂志，等会儿好吗？

Would you wait here for a moment? Here are some newspaper and magazines.

（6）我想理个短发

I'd like a hair-bobbed style.

（7）请不要剪得太短

Please don't cut too short.

（8）请给我理个长发型。

I'd like a full-length style.

（9）我想染发，你们有哪些颜色？

I want my hair dyed. What colors do you have?

（10）请你把两边的头发再剪短一点好吗？

Would you please cut the sides a bit shorter?

（11）我头顶上的头发很厚，能给我削薄一点吗？

My hair is fairly thick at the top. Would you thin it out?

（12）您看这个发型您满意吗？

Is this style to your satisfaction?

（13）请将我额前的头发再剪掉一点。

Please trim the fringe a bit more.

（14）先生，您的胡子要不要剃掉？

Sir, would you like to have your beard shaved off?

（15）小姐，让您久等了，现在轮到您做头发了，请在这里来坐好。

Miss, sorry to have kept you waiting. Now it's your turn. Please take a seat here.

（16）我想染浅棕色的头发，要多少钱？

I'd like my hair dyed light brown. How much will that cost?

（17）我要烫一个长波浪发型。

I'd like a long-wave perm.

（18）您的头发较干枯，需要增加营养。

Your hair is rather withered. It needs more nutrition.

（19）效果怎么样？

What's the effect?

（20）好的，那就做个焗油吧。

All right, have a hot oil.

（21）您感觉如何？

How did you like it?

（22）王师傅，请您给我设计一个婚礼发型。

Mr. Wang，please design a wedding hair style for me.

（23）您喜欢头发长一点，还是短一点？

Would you like it a bit longer or shorter?

（24）您喜欢这个发型吗？

Do you like this hair style?

（25）请把我的头发吹干。

Please have my hair blow—dried.

（26）请给我吹一个新发型。

Please set a new hair style for me.

（27）现在这样可以了吗？

Is that all right now?

（28）好的，这不会花很长时间。

OK，it won't be long.

（29）欢迎光临美发厅。

Welcome to our beauty parlor.

（30）欢迎下次再来。

Welcome next time!

参考文献

1. 狄兵．美发基础（国际标榜美发美容经典丛书）［M］．上海：上海交大出版社，2010.

2. 陈龙．3D晚妆发型设计［M］．长沙：湖南美术出版社，2008.

3. 李彩文．沙宣技术总览——方、圆、三角［M］．沙宣美发学院内部资料，2013.

4. 部分图片来源于百度文库：http：//wenku. baidu. com/.